非谐振设计理论与齿轮超声加工

Nonresonant Design Theory and Ultrasonic Gear Machining

吕　明　王时英　秦慧斌　著

U0343796

科　学　出　版　社

北　京

内 容 简 介

本书提出了超声加工振动系统的非谐振设计理论。从理论和实验的角度证明了非谐振设计涵盖全谐振设计,全谐振设计是非谐振设计的特例。按照非谐振单元的振动模态组合方式,系统阐述了纵向谐振、纵弯谐振系统的理论建模、数值求解、实验验证的方法与步骤,并完成了超声珩齿试验。非谐振设计方法拓展和完善了超声加工振动系统的设计理论体系,同样适合于超声滚齿、剃齿、研齿等齿轮超声加工振动系统的设计,为超声加工在齿轮精密制造中的发展与应用奠定了理论基础。

本书可作为从事超声加工、压电器件设计、超声工程应用等领域研究的工程技术人员的参考用书。

图书在版编目(CIP)数据

非谐振设计理论与齿轮超声加工 = Nonresonant Design Theory and Ultrasonic Gear Machining/吕明,王时英,秦慧斌著. —北京:科学出版社,2014
ISBN 978-7-03-040548-7

Ⅰ.①非… Ⅱ.①吕… ②王… ③秦… Ⅲ.①齿轮加工-超声波加工-研究 Ⅳ.①TG61

中国版本图书馆 CIP 数据核字(2014)第 088786 号

责任编辑:裴 育 唐保军/责任校对:韩 杨
责任印制:张 倩/封面设计:蓝正设计

科 学 出 版 社 出版
北京东黄城根北街 16 号
邮政编码:100717
http://www.sciencep.com

北京凌奇印刷有限责任公司 印刷
科学出版社发行 各地新华书店经销

*

2014 年 5 月第 一 版 开本:720×1000 1/16
2014 年 5 月第一次印刷 印张:14 插页:2
字数:265 000
POD定价: 80.00元
(如有印装质量问题,我社负责调换)

前　　言

　　超声加工是近年来发展较快的一种新技术。采用该技术可显著降低切削力,提高切削液的润滑、冷却效果,使切屑容易排除,延长刀具寿命,大幅度降低工件表面粗糙度,提高加工精度,改善工件表面微观形貌,提高工件耐磨、抗腐蚀性。超声加工已广泛应用于硬脆材料的车、铣、磨、珩磨、钻、镗加工。

　　作为国内最早研究齿轮超声振动加工技术的单位之一,太原理工大学吕明教授及其课题组于2005~2007年在国家自然科学基金项目"硬齿面齿轮超声波平行轴珩磨机理的研究(50475158)"的资助下研究了硬齿面齿轮超声波平行轴珩磨工艺,并从单颗磨粒微观切削角度定性地研究了超声振动珩齿磨削机理;提出了立方氮化硼(cubic boron nitride,CBN)磨粒的切削模型、超声波平行轴硬珩齿材料去除模型。2008~2009年在国家自然科学基金项目"齿轮超声加工非谐振单元变幅器的设计理论及实验研究(50845037)"的资助下,基于薄环盘振动理论,提出了非谐振单元变幅器的设计理论,解决了薄板齿轮超声加工时的谐振系统设计问题。2009~2013年在国家自然科学基金项目"非谐振单元变幅器设计理论及其齿轮超声剃珩应用(50975191)"的资助下,基于 Mindlin 理论,将非谐振变幅器设计理论的应用范围由薄盘振动理论拓展到了中厚板振动求解理论。超声珩齿与传统珩齿的工艺试验表明:与传统珩齿相比,超声珩齿可以获得更低的齿面粗糙度、更高的珩削效率,且在齿轮径向跳动、周节累积、齿形、齿向四方面的偏差有不同程度的减小,尤其在齿轮超声振动方向,齿向偏差减小更明显。这为超声珩齿工艺的应用奠定了理论和实验基础。

　　本书以建立由中小模数齿轮与变幅杆这两个非谐振单元所组成的振动系统的非谐振设计理论为重点,研究振动系统的全谐振设计与非谐振设计之间的联系与区别。非谐振设计理论的实质是根据齿轮结构特点,合理简化其振动模型,联合建立齿轮和变幅杆的振动系统模型,通过振动耦合的位移、力、弯矩等连续条件和边界条件建立系统的振动频率方程,进而确定满足谐振频率和振动模态的系统形状尺寸参数。

　　近年来,超声波振动理论及其空化效应的应用成为国内外学术界研究的热点,理论和应用成果不断涌现。附录 A 为作者在国家自然科学基金委员会网站的科学基金网络信息系统(http://isisn. nsfc. gov. cn/egrantweb/)中检索到的 2004～2013 年共十年间批准立项资助的有关超声复合加工,超声换能器设计,超声波传递的有关机理、方法和技术的项目明细,以便于读者理解本书内容,或跟踪、关注超声复合加工的相关理论和技术的发展趋势。

　　本书是对太原理工大学齿轮精密制造工程中心近十年来在齿轮精密制造理论与技术方面研究工作的凝练和总结。其中,第 1、2 章的撰写及全书的统稿工作由太原理工大学吕明完成,第 3、6 章由太原理工大学王时英完成,第 4、5、7、8 章及附录由中北大学秦慧斌完成。此外,书中还吸取了课题组已毕业的博士生佘银柱、硕士生李向鹏的研究成果。

　　本书研究内容得到了国家自然科学基金项目"硬齿面齿轮超声波平行轴珩磨机理的研究(50475158)"、"齿轮超声加工非谐振单元变幅器的设计理论及实验研究(50845037)"、"非谐振单元变幅器设计理论及其齿轮超声剃珩应用(50975191)"以及山西省研究生优秀重点创新项目"齿轮超声加工振动系统设计理论方法与实验验证(20113027)"的资助。在此特向国家自然科学基金委员会、山西省教育厅表示诚挚的感谢!

　　由于作者学术水平有限,书中难免存在不妥和疏漏之处,恳请各位专家、学者和同行批评、指正。

作　者
2013 年 12 月

符 号 说 明

0^L　变幅杆的纵向振动

0^T　变幅杆的扭转振动

0^f　$n=0$ 时圆环盘的轴对称节圆型弯曲振动

0^r　$n=0$ 时圆环盘的轴对称径向振动

$D_{AM1}(\%)$　ANSYS 与 Mindlin 理论计算第 1 阶节圆型横向弯曲振动频率的偏差率

$D_{AM2}(\%)$　ANSYS 与 Mindlin 理论计算第 2 阶节圆型横向弯曲振动频率的偏差率

E　杨氏弹性模量

f　超声珩齿谐振系统的谐振频率

f_1　变幅杆振动频率的一维欧拉-伯努利方法计算结果

f_{3R}　变幅杆、环盘振动频率的三维振动里兹法数值计算结果

f_A　中厚圆环盘、齿轮、变幅杆、变幅器的有限元模态分析频率

f_{A1}　ANSYS 模态分析求出的齿轮节圆型横向弯曲振动第 1 阶频率

f_{A2}　ANSYS 模态分析求出的齿轮节圆型横向弯曲振动第 2 阶频率

f_{AM}　有限元模态分析频率与理论设计频率之间的偏差率，$f_{AM}=|f_A-f_M|/f_M\times100\%$

f_E　齿轮、变幅杆、变幅器的实验模态分析频率

f_{EM}　谐振实验频率与理论设计频率之间的偏差率，$f_{EM}=|f_E-f_M|/f_M\times100\%$

f_M　Mindlin 理论计算所求得的频率，或变幅器的理论设计频率

f_{M1}　Mindlin 理论计算的齿轮节圆型横向弯曲振动第 1 阶频率

f_{M2}　Mindlin 理论计算的齿轮节圆型横向弯曲振动第 2 阶频率

G　剪切弹性模量

J　厚板的截面惯性矩

J_m　m 阶第一类 Bessel 函数

[K]　弹性刚度矩阵

k_τ　剪切变形效应系数，Mindlin 理论中 $k_\tau = 12/\pi^2$

k_σ　挤压变形效应系数，Mindlin 理论中 $k_\sigma = 0$

L　变幅杆长度

[M]　质量刚度矩阵

(m, n)　齿轮、圆环盘的振型节线数，m 表示节径数，n 表示节圆数

m_n　齿轮法面模数

M_x、M_y、M_{xy}，Q_x、Q_y，β_x、β_y　矩形厚板、圆盘、齿轮直角坐标系下的弯矩、扭矩，剪力，转角分量

M_r、M_θ、$M_{r\theta}$，Q_r、Q_θ，β_r、β_θ　中厚环盘、齿轮圆柱坐标系下的弯矩、扭矩，剪力，转角分量

M_r^i、M_θ^i、$M_{r\theta}^i$　第 i 个环盘单元的弯矩分量

N　变幅杆大端直径与小端直径的比值

Q_r^i、Q_θ^i　第 i 个环盘单元的剪力分量

r_{01}　齿轮节圆型横向弯曲振动第一节圆所在半径位置

r_{02}　齿轮节圆型横向弯曲振动第二节圆所在半径位置

t_i　第 i 个环盘单元的厚度

w_1、w_2、H　厚板振型函数

w_1^i、w_2^i、β_r^i、β_θ^i、H_i　第 i 个 Mindlin 中厚环盘单元的振型函数

w_1^1、w_2^1，β_{1r}，Q_{1r}，M_{1r}　齿轮轮毂环盘单元的振型挠度，径向转角，剪力，径向弯矩

w_1^2、w_2^2，β_{2r}，Q_{2r}，M_{2r}　齿轮辐板环盘单元的振型挠度，径向转角，剪力，径向弯矩

w_1^3、w_2^3，β_{3r}，Q_{3r}，M_{3r}　齿轮轮缘环盘单元的振型挠度，径向转角，剪力，径向弯矩

Y_m　m 阶第二类 Bessel 函数

δ_1　变幅杆的长度与大小端半径和之比，$\delta_1 = L/(R_1 + R_2)$

$\{\zeta\}$　振型特征向量

μ　材料泊松比

ξ_L　变幅杆右端的纵向振幅

ξ_{max} 变幅杆的纵向最大振幅

ρ 环盘单元、变幅杆、齿轮的材料密度

ω 中厚环盘、变幅杆、齿轮的固有振动圆频率

$$\nabla(\cdot) = \frac{\partial^2(\cdot)}{\partial x^2} + \frac{\partial^2(\cdot)}{\partial y^2}$$ 平面直角坐标系下的 Laplace 微分算子

$$\nabla(\cdot) = \frac{\partial^2(\cdot)}{\partial r^2} + \frac{1}{r}\frac{\partial(\cdot)}{\partial r} + \frac{1}{r^2}\frac{\partial^2(\cdot)}{\partial \theta^2}$$ 柱坐标系下的 Laplace 微分算子

目　　录

第1章 绪 论

1.1 研 究 背 景

以齿轮为代表的基础零部件是我国装备制造业的基础性产业,是各类主机行业产业升级、技术进步的重要保障[1]。据《中国齿轮行业"十二五"发展规划纲要》权威数据统计,"十二五"期间,在汽车、风电、高铁和基础设施等快速发展的拉动下,中国齿轮行业总产值年均增长率将达到10%左右;国内市场占有率有望提高到85%,2015年全行业销售规模国内市场将达到2200亿元[2]。我国已经成为齿轮制造大国,但尚未进入齿轮制造强国行列,原因在于:

(1)目前我国齿轮行业的产品质量、产品设计、工艺开发、制造装备和检测试验等综合技术水平仅相当于发达国家20世纪末21世纪初期水平,研发周期是国外同类产品的2~3倍,但使用寿命却只是国外同类产品的30%~50%。

(2)齿轮加工工艺基础研究薄弱,齿轮热处理工艺水平不高,缺乏有效的工艺过程控制方法;齿轮产品生产效率低,质量稳定性差;磨齿烧伤控制缺少标准、规范;超硬齿轮加工技术、干切技术、轮齿喷丸强化技术和近净成形技术等缺乏系统研究,远不能满足需求。

(3)我国齿轮关键工艺装备制造技术在机床软件编程技术、在线测量技术、精度保持技术、数控技术、超精密分度技术以及刀具涂层技术等方面同国际先进水平差距很大,造成高效制齿机床、高档数控成形磨齿机、高性能CBN刀具及磨齿用高档砂轮等仍基本依赖进口[3]。

齿轮制造新工艺的发展很大程度上表现在生产效率与精度等级的提高上[4]。超声加工在加工硬脆材料方面,与传统加工相比可显著降低切削力,提高生产效率,提高切削液的润滑、冷却效果,使切屑容易排除,延长刀具寿命,提高加工精度,改善工件表面微观形貌,提高工件耐磨、抗腐蚀性。将超声加工应用于硬齿面齿轮的精密加工工艺中,可以形成新的齿轮复合加工工艺[5]。齿轮超声加工技术的研究对拓展超声工程应用领域、发展齿轮先进制造技术等具有重要作用。

1.2　超声加工的工艺特点与分类

1. 工艺特点

超声加工通常利用的系统振动频率范围是 15～70kHz[6]。超声加工是近年来发展较快的一种新技术,是指利用超声振动刀具在磨料中产生磨料撞击、抛光、液压冲击及由此产生的空化作用来去除材料[7],或者是在传统加工工艺中,引入刀具或工件超声频振动的加工方法。超声振动切削的材料去除机理为:磨粒的超声振动冲击作用、磨粒移动的切削作用、切削液的空化效应及切削液的化学作用[8]。超声振动切削为特殊材料零件的精加工开辟了一种新的途径[9,10]。

2. 应用领域与分类

超声加工可以加工导电和非导电等各种硬脆性材料,如陶瓷、宝石、硅、金刚石和大理石等非金属材料[11~14];也适用于加工低塑性和硬度高于 HRC40 的金属材料,如淬火钢、硬质合金、钛合金等金属材料[15,16];并已广泛应用于硬脆材料的车、铣、磨、珩磨、钻、镗加工[17~22]。图 1-1 中所示零件为超声振动精密加工的典型零件,其中图 1-1(a)中硅氮化物涡轮叶片的凹槽由超声加工完成,图 1-1(b)中复合碳纤维加速器控制杆零件中的孔和外形均由超声加工完成。超声振动切削按照刀刃的超声振动方向维数可以分为一维超声振动切削和二维(椭圆)超声振动切削[23]。超声加工按照有无磨料、磨料是否固结等的分类见图 1-2。

（a）硅氮化物涡轮叶片[7]

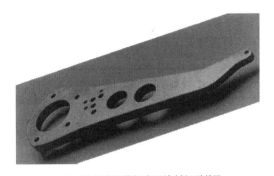

（b）复合碳纤维加速器控制杆零件[7]

图 1-1　超声振动精密加工典型示例零件

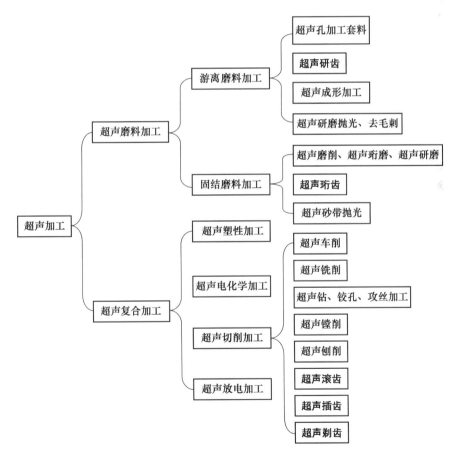

图 1-2　超声加工的分类与应用领域

图中黑体字表示齿轮超声加工方法

1.3 齿轮超声加工的研究现状

1979 年,隈部淳一郎在他的专著《精密加工振动切削基础与应用》中提出了采用弯曲振动成形刨刀、扭转振动盘形铣刀、成形砂轮、纵向振动拉刀等成形刀具振动切削加工齿轮的方法;论述了采用纵向振动梳齿刀、扭转振动滚刀、纵向振动双刨刀、扭转振动碟形砂轮、蜗杆形砂轮等成形刀具范成法振动切削齿轮的方法;分析了振动滚齿、振动插齿、振动剃齿的加工方法和工艺效果[24]。这为超声加工在齿轮制造工艺中的研究与应用奠定了基础。

1.3.1 超声滚齿

1995 年,尹韶辉[25]用 YM3150 精密滚齿机床进行了传统滚齿、超声振动滚齿加工对比试验。超声波振动系统使工件产生轴向超声振动,滚刀做主运动和进给运动,实现滚齿加工试验。试验时采用 AAA 级外径 63mm 高速钢滚刀,工件齿轮模数为 1mm、齿数为 24、压力角为 20°、切削速度为 0.4m/s,试验数据对比见表 1-1。试验表明:超声振动滚齿大大降低了切削力和切削热,可有效抑制积屑瘤和鳞刺的产生,降低被加工齿轮的表面粗糙度值,而且能延长滚刀使用寿命。

表 1-1   传统滚齿与超声振动滚齿的加工数据对照表

齿轮材料	工作台每转滚刀进给量 /(mm/r)	普通滚齿加工粗糙度 Ra/μm	超声振动滚齿粗糙度 Ra/μm
铸铁	0.2	2.4~5.0	0.8~1.6
45 钢	0.2	1.6~3.2	0.4~0.8
淬火钢(HRC63)	0.05	不能切削加工	8~20

2001 年,罗凯华[26]通过在 YBA3132 型滚齿机上附加一套超声振动系统,采用换能器、变幅杆、冷却杯、导电盘等装置替代滚齿机上的原有夹具,将被加工的齿坯固定在变幅杆上,振动系统直接推动齿坯沿主切削力方向以 26kHz 频率、15μm 振幅进行振动,用滚刀对齿坯进行加工。利用此加工方法完成了直齿齿轮超声振动滚齿小批量生产,齿坯材料为 20CrMnTi,硬度为 HRC12~21,模数为 4.5mm、齿数为 34,滚刀材料为带氮化钛硬涂层的 W18Cr4V,硬度为 HRC58~59。传统滚齿与超声振动滚齿试验结果表明:采

用超声滚齿加工,明显降低了齿面粗糙度,改善了加工条件,加工质量明显优于普通滚齿加工。

2007～2010 年,Agapov[27,28]利用 511P 半自动立式滚齿机,设计了小模数齿轮的超声振动通用附件,利用 P6M5 高速钢滚齿刀对小模数齿轮进行了超声滚齿加工试验,获得了精度为 7～8 级、表面粗糙度为 0.63μm 的小模数齿轮;并且研究了影响滚刀寿命的因素,确定了最佳超声振动振幅为 4～6μm、超声振动频率为 18～22kHz。

1.3.2 超声研齿

1990 年,鸭下礼二郎被授权了发明专利"一种利用超声振动对齿形研磨的精加工方法"[29]。通过超声振动装置把切削液供给主研磨齿轮和被加工齿轮的啮合点,利用超声空化作用,切削液彻底渗透到加工点,防止了主研磨齿轮堵塞,延长了主研磨齿轮的使用寿命。

2004～2008 年,魏冰阳等[30]提出了超声研磨加工螺旋锥齿轮的理论与方法,针对小模数锥齿轮的精加工申请并被授权了"一种超声研齿机"的实用新型专利;利用声弹性理论分析了超声波在齿面传播与反射机理,研究了不灵敏性振动切削机理对提高研齿质量与精度的作用,以及超声辅助齿轮研磨与传统齿轮研磨的加工机理;建立了研齿的材料去除模型[31,32]。超声研齿试验时,选取 9 对钢制弧齿锥齿轮,模数为 1.25mm,齿数比为 17/44,大轮齿面硬度为 HRC48、小轮齿面硬度为 HRC50。超声换能变幅装置激励 17 齿的小轮以 19kHz 频率、10μm 振幅做轴向振动。研磨剂由水与 W40# 白刚玉混合而成,研磨剂供给量为 65.3mL/s,研磨时间为 3min,分别进行普通研齿与超声研齿正交对比试验[33]。试验证明:超声研磨齿面微切削与塑性流动纹理明显,且十分均匀,而普通研磨表面材料撕裂损坏严重;超声研齿的材料去除率为普通研齿加工的 3 倍,齿面质量明显提高,轮齿齿形精度得到了提高,齿面的啮合传动特性得到了改善。

1.3.3 超声电化学齿轮加工

2006 年,Pa[34]设计了三种类型的齿轮外形电极,电解液为 25%(质量分数)的 $NaNO_3$,电化学切削余量为 0.1mm;对材料为 SNC236 的齿轮表面进行了超声辅助电化学的精整加工对比试验;确定了最佳工艺条件:超声振动的频率和功率分别为 120kHz 和 80W,电流为 20A,进给率为 4.0mm/min。结果表明:超声辅助电化学的精整加工消除了传统手工和机器抛光时工件与工具接触区的残余应力、表面划痕和点蚀,加工后的齿轮工件表面粗糙度 Ra 为 0.3~0.7μm,并且比传统抛光工艺具有更高的加工效率和更低的加工成本。

2010 年,贾连杰、刁国虎[35]设计了超声复合同步脉冲电解微细加工装置,选用 GCr15 钢为微齿轮工具头电极材料、硬质合金 YBD151 为加工齿轮材料,磨料为 B₄C-W5、电解液为 2‰ NaNO₃ 的水溶液,并进行了标准渐开线、模数为 0.2mm、齿数为 18 的微齿轮的超声加工、超声复合电解加工和超声复合同步脉冲电解加工的对比试验,得出超声复合同步脉冲电解加工质量最好的结论。齿形精度可稳定达到±0.005mm,齿面粗糙度达到 0.16μm,并确定了最佳加工工艺参数为超声功率 50W、超声频率 16~24kHz、振幅 0.01~0.10mm、电解电压 3V、脉冲电源电压 2~6V、静压力 2.0N、加工时间 3min。

上述研究表明:将齿轮超声振动引入制齿工艺中,可以降低切削力、延长刀具寿命、降低齿面粗糙度,且使齿面的耐磨性得到提高。但齿轮超声加工中谐振系统如何设计,却很少有文献报道,大多是通过试凑设计、试验反复修正来实现振动系统的谐振,这样谐振系统设计周期长。振动系统负载为小模数、小齿轮时,采用质量互易的方法容易实现振动系统谐振;而对于中模数、大模数齿轮的振动系统实现谐振困难,导致齿轮超声加工技术应用范围较窄[36]。

1.4　超声珩齿工艺的提出与研究现状

随着高速和重载汽车的发展,汽车工业对齿轮降低噪声的要求不断提高。圆柱齿轮热处理后加工有珩齿和磨齿两种方式。磨齿工艺可以修正齿轮热处理后的变形,提高齿轮啮合精度,但降低噪声效果不佳,加工效率较低,加工成本高,且磨齿时容易出现磨削裂纹、烧伤。采用珩齿工艺既能提高齿轮的啮合精度,又能显著降低噪声,成本是磨齿工艺的一半,但齿形修正能力弱[37,38]。

传统的珩磨轮是钢芯环氧树脂软珩轮,刚性差、精度低,主要用来改善轮齿表面粗糙度,降低齿轮传动噪声[39]。20 世纪 90 年代,国外开发出了硬珩轮,在钢质基体上采用电镀沉积法或高温烧结法将超硬磨粒(CBN、金刚石)等固熔在珩磨轮表面。国外通常采用的珩齿工具有斜齿型外珩轮、斜齿型内珩轮和蜗杆珩轮[40,41]。在生产实践中较为成熟的珩齿工具见图 1-3。

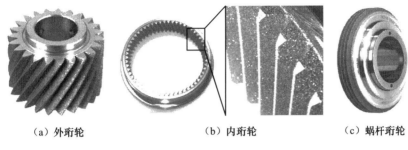

（a）外珩轮　　　　　　　　　　（b）内珩轮　　　　　　　　　（c）蜗杆珩轮

图 1-3　硬齿面齿轮珩齿用精加工工具

2003 年，吕明等[42]提出电镀超硬磨料全切削型剃珩刀具的设计方法，于 2008 年获得中国发明专利授权，并得到了转化应用[43]。2009～2010 年，梁国星、李文斌分别在激光钎焊 CBN 珩轮和电镀 CBN 珩轮的理论和技术方面进行了详细的研究[44,45]。硬珩轮的硬度高、弹性小、精度高、使用寿命长，对被加工齿轮有强制校正和修形作用，从而大大提高了齿轮的加工精度[46]。但电镀 CBN 硬珩轮在珩齿过程中容易出现堵塞、镀层磨粒脱落。研究表明，磨粒脱落的主要原因在于珩齿时珩磨轮与齿面间的相对运动速度无法达到硬珩磨所需的珩削速度，导致磨粒所承受的切削力过大而脱落，遏制了硬珩齿工艺的发展。改善珩齿工艺可以从减少珩削力、缩短磨粒切削轨迹长度、减少珩轮堵塞等方面改进。现代超声加工理论和各种已有成熟技术为这一构想提供了理论基础和技术保障。

超声波振动珩齿技术的提出依赖于超声波振动理论与先进制造技术学科间前沿技术的相互渗透。近年来，超声波振动理论及其空化效应的应用成为国内外学术界研究的热点，理论和应用成果不断涌现。将超声波振动引入齿轮硬珩齿加工过程，高频振动可提高珩削速度、减少珩削力；超声空化现象与切削液共同作用可使珩磨轮实现实时动态清洗，从而减少珩磨轮堵塞、提高加工效率，可使硬珩齿工艺的特点得到充分发挥。因此，超声珩齿的研究有重要的理论价值和应用前景，同时也是振动利用工程学的拓展[47]。超声振动珩齿工艺，其目的在于提供一种低成本高性能的硬齿面精加工工艺。其工艺是介于软齿面的剃齿工艺和硬齿面的磨齿工艺之间的一种成本较低并且能够获得相当高加工精度等级的全新替代工艺。工件模数为 1～8mm，工件直径为 60～500mm，工件最大宽度为 90mm。大功率超声波发生器、换能器的成熟产品投向市场，为超声珩齿振动工艺的实现提供了物质保障。

2008 年,吕明、王时英率先提出非谐振单元变幅器的设计理论(非谐振设计理论)。非谐振设计理论使超声振动系统设计从谐振单元的划分变为任意单元的划分,提高了振动系统设计的柔性。振动系统的非谐振设计理论涵盖了全谐振设计理论,是超声振动系统设计理论的拓展和深化;并基于薄环盘振动理论,解决了薄板齿轮超声加工时的谐振系统设计问题;实现了小直径圆柱齿轮超声珩齿[48,49]。马麟[50]从单颗磨粒微观切削角度定性地研究了超声振动珩齿磨削机理;提出了 CBN 磨粒的切削模型、超声波平行轴硬珩齿材料去除模型;经理论推导,揭示了齿轮被加工区域质点的主振动是椭圆运动。佘银柱[51]、李向鹏[52]将等厚齿轮简化为直径与其分度圆直径相等的中厚圆环板,应用非谐振单元变幅器设计方法设计了等厚齿轮的超声珩齿振动系统。但在工程应用中,齿轮常带有轮毂、辐板、轮缘、减重孔等结构,不能直接用中厚板理论计算。如何从工程应用角度建立这些齿轮的振动模型,为超声振动系统的设计提供理论基础是值得研究的课题。

1.5 超声加工振动系统设计理论的研究现状

1.5.1 超声加工机床的国内外研究现状

德国 DMG 公司作为全球超声加工机床及其单元组件技术的主导者已成功开发、面向市场需要的:HSK25、32、40、63、100 超声加工主轴刀具系统,超声波发生、在线检测、自适应调整软件控制系统,Ultrasonic10、20、40、50、60、60P、70、70-5、75、80、80P、100、100P、105、125P、160P 等系列超声波削、钻、磨削加工中心。这些系统已广泛应用于生物工程、光学仪器、精密钟表、宇航、汽车工业硬脆复合材料的超声加工中,并显示了传统加工不可比拟的优势。

2013 年 4 月,第十三届中国国际机床展览会(CIMT2013)上,德国 DMG 公司展出了超声加工机床,其中 Ultrasonic70-5 超声加工中心如图 1-4 所示,它可以在同一台机床上同时实现超声振动加工和传统加工的五面完全加工。集成了西门子 Siemens 840D 四轴数控系统,主轴转速为 3000~40000r/min,刀具以 20000Hz 频率振动,刀具和工件的高频分离与传统方式相比,较低的热应力对刀具和工件都产生了保护。通过智能控制算法持续监视加工过程,进行加工反馈动态调整工艺参数,与传统加工方式相比,生产效率提高 5 倍,加工表面粗糙度 $Ra<0.2\mu m$,可加工孔径为 0.3mm 的精密小孔,特别适合陶瓷、玻璃、硅等硬脆材料的加工。堪称硬脆材料加工设备性能的新飞跃。

图 1-4　Ultrasonic70-5 超声加工中心

美国 Branson 声能公司生产了 UMT-5 超声旋转加工机,GFM 公司生产了用于金属复合材料数控切割加工的 US-50 型五坐标超声振动切割设备。英国 Kerry 超声公司生产了 Sonimill 落地式超声旋转加工机,Lucas Dawe Ultrasonic Ltd. 公司生产了 UMT-7 旋转加工机。近年来,日本研制生产了 UM 250VNR2、UM 2500DA、UM 2150B、UM 2300DA P 超声加工机床,主要用于超硬合金等高硬度材料的精密细孔加工、深孔加工、成型研磨加工。日本超声波工业公司开发了体积小、质量小、刚度大,可安装在金属切削机床的 USSP 系列超声波主轴系统。日本超声波工业株式会社研制了新型 UMT-7 三坐标数控超声旋转加工机,机床功率为 450W,工作频率为 20kHz,可在玻璃上加工 1.6mm 孔径、150mm 深的深小孔,其圆度可达 0.005mm,圆柱度为 0.02mm。俄罗斯生产了 UZS-5M 超声波旋转机床[53,54]。

清华大学、华侨大学已经开发了完全数控化的旋转超声加工机床,以工控计算机为硬件基础,其数控系统由 Z 轴进给控制、旋转电机控制、自动频率跟踪控制等功能模块组成。上海交通大学、哈尔滨工业大学、大连理工大学、南京航空航天大学、四川大学、中北大学、河南理工大学、太原理工大学等研究单位也开展了超声加工机床的研究[55~59]。但与国外相比,国内很少有专门从事超声加工机床制造的企业,只有山东华云机电科技有限公司从事金属表面改性与强化的超声复合加工机床以及设备的生产。市场上还没有出现成熟的超声加工机床,大多数研究单位基本上是将超声振动装置搭建在传统加工机床上,或是探索性地设计小功率超声加工机床,仍处在试验研究阶段。因而,存在设备个体差异大、超声功率低、超声能耗大、系统发热严重、加工性能稳定性差、超声波电源功率元件寿命低、旋转转速低等问题。

1.5.2 超声加工振动系统

超声加工振动系统的三种基本振动模式是纵向振动、扭转振动和弯曲振动。以前普遍采用的超声振动系统多为纵向振动方式,并按"全调谐"工作。但近年来,随着超声技术基础研究的深入和在不同领域实际应用的特殊需要,对振动系统的工作方式和设计计算、振动方式及其应用研究都取得了新的成果[60~66]。弯曲模式、扭转模式及纵-纵、纵-弯、纵-径和纵-弯-纵、纵-扭-弯等复合模式在超声车、铣、钻、刨、磨、珩磨加工中得到了越来越多的应用。

1) 纵向振动系统

2007年,魏冰阳等[67]利用四端网络法针对模数为1.25mm、齿数为17的钢制弧齿锥齿轮,设计了换能变幅器纵向振动系统,用于超声研齿;并利用质量互易法,对振动系统进行尺寸修正,进行了传统研齿与超声研齿试验。其弧齿小锥齿轮分度圆直径为21.25mm,满足质量互易法的适用条件。而对于大多数圆柱齿轮,质量互易法已不再适用。振动系统设计时,必须将齿轮和变幅杆联合起来整体建立振动模型。

2008年,吴能赏等[68]将超声研齿主动小锥齿轮简化为一圆锥台,并将其作为变幅杆的一部分进行设计,根据变截面杆纵振动波动方程和应力与速度连续性条件以及两端自由时的边界条件,得到组合变幅杆的频率方程,并分析了小锥齿轮尺寸的变化对组合变幅杆谐振性能的影响。不足在于:建立频率方程时,利用了连接面的应力与速度连续性条件,而不是利用位移和力的连续条件,没有考虑组合变幅杆连接面截面变化效应。建立的理论分析模型与实际的模型相差较大,理论求解与有限元模态分析误差达7.88%。

2009年,宫晓琴等[69]将齿轮简化为圆柱杆,基于复合超声变幅杆一维纵向振动理论,利用四端网络模型和传输特性方程推导了超声珩齿纵向振动系统的振动频率方程和放大系数计算公式,但求解过程复杂。

2) 纵弯耦合振动系统

2009年,Gallego-Juárez等[70]设计了一种由纵向振动换能器驱动圆板或矩形板弯曲振动的大功率超声换能器,如图1-5所示。2011年,李英华等[71]设计了压电材料和黄铜的一体式纵弯振子用于超声抛光,如图1-6所示。

宁景锋等[72]采用有限元计算方法,计算了激励面积不变的夹心式纵向振动换能器的频率变化对圆盘中心激励产生弯曲振动特性的影响规律;李伟

图 1-5　阶梯环板纵弯谐振换能器[70]　　　图 1-6　超声抛光纵弯振子[71]

等[73]采用有限元计算方法,研究了激励面积变化的换能器,纵向振动频率与圆盘弯曲振动基频相等时,中心激励对圆盘产生弯曲振动特性的影响规律。他们建立的振动模型为整体模型,没有考虑换能器与圆盘的连接方式,还不能直接为纵弯谐振系统提供设计理论和方法,只能利用 ANSYS 软件进行设计、试验、修正、再设计,振动系统设计周期长。

3) 纵径耦合振动系统

2012 年,刘世清等[74]利用等效电路法研究由纵向振动换能器驱动径向振动薄圆盘组成的复合系统的共振频率及振动模式,如图 1-7 所示。

图 1-7　纵径耦合振动系统[74]

4) 纵弯纵耦合振动系统

2010 年,许龙等[75]采用全谐振设计理论对变幅杆、连接薄圆盘、圆筒进行设计后,结合 ANSYS 模态分析进行设计尺寸修正,设计了超声塑焊纵弯纵耦合振动系统,如图 1-8(a)所示。祝锡晶[76]利用全谐振设计和薄板理论,结合试验设计了变幅杆纵向振动激励薄圆盘弯曲振动,进而驱动挠性杆纵向振动的缸套超声珩磨振动系统,如图 1-8(b)所示[76]。

　　(a) 超声塑焊振动系统[75]　　　　(b) 超声珩磨振动系统[76]

图 1-8　纵弯纵耦合振动系统

　　超声珩齿振动系统是超声珩齿工艺系统的核心,它的性能直接影响着齿轮工件的加工质量。由于齿轮机床传动链的复杂性,目前国内外的齿轮超声加工研究中,超声振动普遍施加在齿轮工件上。典型的超声珩齿振动系统如图 1-9 所示,主要由超声波发生器、换能器、传振杆、变幅杆和齿轮等部分组成,通过调节超声波发生器的频率与振动系统设计频率一致,实现谐振,在超声加工中引入满足振动方式、振动频率、振幅要求的高声频振动,以获得良好的超声加工工艺效果。功率超声电源、换能器的研究应用较多,产品已成熟、系列化,可由专业厂家生产。为此,超声珩齿振动系统设计的主要任务是根据

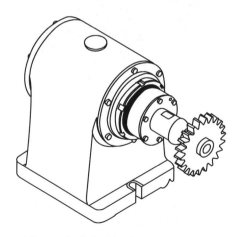

图 1-9　超声珩齿振动系统的典型结构

齿轮形状尺寸特点,确定谐振方式、变幅杆的结构形状参数,使振动系统在设计频率下,实现谐振工作状态,并呈现所需的振动模态。

复杂结构的谐振频率与组成该结构的各个单元有关,按照这个理论,将结构尺寸不能任意确定(按照工程应用要求确定)的齿轮与结构尺寸可以任意确定的变幅杆组成超声振动系统,通过调整变幅杆的结构尺寸,使齿轮与变幅杆组成的超声振动系统谐振于要求的频率范围,从而实现非谐振齿轮的超声加工,这样的齿轮与变幅杆组成的超声振动系统称为非谐振单元组成的超声振动系统[77]。为此,研究单个非谐振单元以及彼此之间的耦合振动、振动转换模型及其求解,对完善超声振动系统设计理论有重要意义。

1.5.3 变幅杆振动求解理论

在超声振动系统中,变幅杆的主要作用是把机械振动的质点位移或速度放大,或者将超声能量聚集在较小的面积上,并完成与负载的阻抗匹配。图 1-10 为目前超声加工中常用的变幅杆。超声变幅杆的设计,普遍采用一维变截面杆的运动方程,忽略变幅杆径向振动影响的设计计算方法。一般认为,当变幅杆径向尺寸小于其材料介质纵波的 1/4 波长时,一维理论计算结果基本能够满足工程实际需要[78,79]。然而,在大功率超声的应用中,变幅杆的径向尺寸常常超过 1/4 波长,一维理论的计算结果误差较大。陕西师范大学应用声学研究所的林书玉等[80,81]基于瑞利近似理论假设,采用能量修正法对大尺寸指数形、悬链线形变幅杆进行了频率修正,此方法适用于变幅杆径向尺寸小于 1/2 波长,可以满足工程应用的精度要求,简化了大横截面变幅杆的设计。

图 1-10 工程应用变幅杆[15]

有限元及边界元等数值分析方法,可计算变幅杆任意位置及任意时刻的应力和应变状态以及位移分布,非常适合变幅杆的优化设计。目前,对超声变幅杆的研究和优化已广泛应用了 CAD/CAM 技术和有限元分析技术[82~85]。陈俊波[86]利用 ANSYS 有限元分析软件优化设计来确定阶梯变幅杆节点位置与固定方法。张可昕等[87]利用 ANSYS 的优化设计功能,确定了不同直径工具头指数形、圆锥复合形变幅杆的谐振长度。杨志斌等[88]以提高超声加工中的材料去除率为目的,基于 ANSYS 有限元模态分析、谐响应分析模块,利用 ANSYS 优化设计方法对变幅杆的形状与谐振长度进行优化,完成了在满足许用应力条件下具有大振幅比的新型变幅杆设计。但前述优化设计只是针对单一纵向振动的振动系统研究,而对于纵弯、纵径或其他振动转换方式的振动系统优化设计目前尚未见到有文献报道。

从已公开的文献来看,国内外学者对变幅杆的设计进行了大量的理论和实验研究,目前变幅杆常见的设计方法主要有:经典解析法、机械阻抗分析法、传递矩阵法、四端网络法、等效电路法、表观弹性法、分段逼近法及有限元分析法等[89,90],总的说来,这些方法都是基于传统的机械振动共振理论,独立设计振动系统的各个部分的结构尺寸,再组成振动系统,用这种谐振法设计出的振动系统在一定程度上满足了一些超声加工设备在特定条件下对超声振动频率和振幅的需求,提高了超声设备的设计效率,但这些方法仍存在以下不足:

(1) 上述设计方法属于解析法,其理论基础为牛顿第二定律,解决问题过程中都要对所分析对象建立简化的数学模型;得出的性能参数都是以解析式的形式表达出来的,要确定振动系统的动力学参数,如振幅、频率、应力、应变、振速等,都需经过烦琐的运算才能得到。

(2) 只适用于超声加工的工具较小、可忽略工具对振动系统影响的应用领域。随着加工工具尺寸和质量的增大,用这种方法设计出的系统很难达到谐振状态,影响超声加工效果。

(3) 变截面变幅杆的弯曲振动分析比较复杂,一般很难得到解析解。此外,杆的纵向振动、轴的扭转振动、梁的弯曲振动,在质量和刚度分布不均匀的情况下,也难以求得封闭形式的解答。因此,从工程应用的角度看,掌握和研究各种有效的近似方法更为重要[91]。

基于力学能量变分原理和哈密顿原理的三维振动里兹法,是一种无网格划分的数值求解方法[92,93]。它与 ANSYS 求解相比,容易实现对不同尺寸比例模型的振动特性快速求解,无需对每一模型进行有限元前处理、加载、求解、后处理的烦琐步骤。2010 年,Bayón 等[94]采用三维振动里兹法,研究了均匀截面不同径长比、横跨比圆柱的横向振动和板的弯曲振动,并与一维欧拉-伯努利梁理论、铁摩辛柯弯曲梁理论、有限单元法的分析结果进行了详细对比。
Kang 和 Leissa 利用三维振动里兹法研究了不同截面形状的杆、梁以及中心
带孔的圆锥杆梁的振动特性,并对多项式函数的收敛性进行了深入计算分
析[95,96]。其研究对象的横向截面尺寸与长度尺寸之比为 0.025~0.15,但齿
轮超声加工振动系统中变幅杆横向截面尺寸与长度尺寸之比远超出此范围。

1.5.4 圆盘振动求解理论

目前,在超声加工振动系统设计中,普遍采用谐振单元的全谐振设计理论
(组成超声加工振动系统的单元都是谐振单元,都具有与振动系统相同或相近
的谐振频率,彼此可以组成谐振子系统。谐振系统设计时,按照谐振单元相应
的振动方程,建立动力学方程,按照谐振系统的谐振频率求出谐振单元的尺寸
参数)。齿轮工件或齿轮刀具(如珩轮、剃齿刀)是齿轮超声加工振动系统的负
载,不能忽略其对振动系统的影响,也不能采用质量互易法来实现系统的谐
振。而齿轮的振动频率由其使用结构与材料决定,不能按照超声波发生器的
工作频率进行谐振设计,是非谐振单元;并且齿轮结构形式多种多样,相当一
部分齿轮可以简化为圆盘或环盘。按齿轮的厚径比可分为薄盘齿轮、中厚盘
齿轮、类圆柱齿轮;按齿轮的径向变化规律可分为均匀等厚度齿轮、变厚度齿
轮;按齿轮的端面结构可分为整体、对称分布减重孔;此外,还有带有轮毂、辐
板、轮缘的阶梯变厚度齿轮,双联、多联齿轮。当前齿轮超声加工振动系统的
工作方式多为纵向耦合、纵弯耦合、纵径耦合谐振方式。因此,圆盘的振动理
论是超声珩齿振动系统设计的理论基础。

设 δ 为圆盘的厚度直径比,$\delta \in [0.01, 0.0125]$ 为圆膜模型,$[0.01, 0.0125] < \delta \leq [0.125, 0.2]$ 为薄圆盘模型,$[0.125, 0.2] < \delta \leq [0.4, 0.5]$ 为中厚圆盘模型,$\delta > [0.4, 0.5]$ 为强厚圆盘模型[97]。大多数齿轮厚径比在中厚圆盘模型范围之内,可将其简化为中厚圆盘模型进行横向弯曲振动分析[98]。

有关圆盘和环盘的研究大多基于 Kirchhoff 直法线假设的经典薄板理
论,忽略横向剪切和转动惯量对振动的影响,所求的模态频率高于理论值;随
着圆盘环盘的厚度增大,求解误差将越来越大。为了提高求解精度,过去 60
多年里出现了包含一阶、高阶剪切影响和转动惯量的中厚板理论,如 Mindlin
等[99~102]和 Hosseini-Hashemi[103,104]根据横向剪切、挤压变形和转动惯量对振
动影响的大小加以取舍,建立相应的动力学模型。其中,Mindlin 理论是改善
薄板理论求解中厚盘理论的著名理论[105]。

2010 年,潘晓娟等[106]应用 Mindlin 理论、有限元法、实验模态分析方法,

对直径为 50mm、厚径比在 0.16～0.22 的 45 钢均匀厚度圆盘的前三阶弯曲振动频率和横向位移分布进行了对比研究,分析结果基本一致。为等厚圆盘弯曲振动辐射器的设计提供了理论参考;2011 年,李向鹏等[107]将均匀厚度圆柱齿轮简化为与其分度圆直径相等的中厚圆盘模型,用于横向弯曲振动分析,但没有研究简化后的模型对不同模数、齿数圆柱齿轮的工程适应性影响规律。

一阶剪切变形理论的圆盘振动的解析解,只适用于一定厚度范围内圆盘的低频弯曲振动,在理论分析中还会出现不符合实际的振动模态。近年来,已有不少学者将注意力转移到寻求精确的三维弹性理论解。2009 年,Hosseini-Hashemi 等[108]利用三阶剪切变形理论研究了厚板不同边界条件下的固有频率,并与现有的求解方法进行了对比分析。

近年来,随着计算机数值计算能力的提高,国内外学者从三维弹性理论出发,研究厚板动力学的近似数值求解方法,并取得了一系列成果[109,110]。2005 年,周欣竹等[111]利用传递矩阵法求解了 Winkler 地基上变厚度圆板的轴对称弯曲振动。2007 年,Liang 等[112]利用三节点环元法和广义微分求积法分析了变厚度环形板的自由振动。2011 年,Zhou 和 Wong 等[113]通过对混合能量函数进行变分,利用哈密顿求解原理求解了薄圆盘或环盘的固有频率,并与现有的求解方法进行了对比分析。Kang 和 Leissa 共同基于三维弹性振动理论,采用能量变分法研究了非线性变厚度圆盘、环盘的振动特性,给出了相应数值解,并对多项式函数的收敛性进行了深入计算分析[114];Rokni Damavandi 等[115]利用厚盘理论研究了变厚度圆盘、环盘的振动特性,给出了多种约束条件下的前 9 阶谐振频率。

目前,有关圆盘振动求解的研究主要集中在给定边界条件下的单个圆盘的振动,而在工程应用中,盘都是和一定的结构相连接,共同组成振动系统,因此应将盘与安装结构做整体研究[116,117]。2007 年,祝锡晶[118]对缸套超声珩磨振动系统(变幅杆-圆盘-油石座工具)中的振动传输转换装置圆盘的弯曲振动进行了深入研究,并用电子管毫伏计测试了弯曲振动圆盘的端面振动情况。2008 年,吴松平[119]利用全谐振设计理论和局部共振原理,利用薄圆盘振动设计理论设计与制作了一套超声振动深孔珩磨装置,进行了弯曲振动圆盘振动特性研究,分析了弯曲振动圆盘几何尺寸对振动系统的谐振频率的影响。但在声振系统设计中,将变幅杆与弯曲振动圆盘设计成一体,工艺复杂。按照上述文献设计的圆盘与具有相同谐振频率变幅杆组装在一起后,系统能在设计频率的附近发生谐振。上述研究解决了特定工程条件下(圆盘尺寸可以任意确定)的变幅杆、圆盘组成的振动系统的设计问题。但这些研究的理论基础都是薄盘理论。大多数齿轮的厚径比属于中厚板范围,应当利用 Mindlin 理论,研究非谐振单元齿轮超声加工振动系统的建模、频率方程求解、振动系统形状尺寸参数对振动特性的影响规律,对于促进超声振动切削技术在硬齿面齿轮加工技术中的应用具有重要意义。

1.5.5 超声加工振动系统设计研究中有待研究的问题

超声振动系统是功率超声设备的核心和关键,其设计质量直接影响到应用效果。虽然功率超声技术已有了很大的发展,但至今还未形成系统的设计理论体系。综上所述,超声加工振动系统的设计研究在以下四个方面有待深入研究。

1. 针对大负载的工具或工件,超声振动系统缺乏有效的设计方法

超声珩齿加工负载显著大于超声车、铣、钻负载,振动系统设计中负载不能忽略,也不能利用质量互易法修正,必须联合建立齿轮和变幅杆的振动模型。多数文献首先用有限元分析软件 ANSYS 建立振动系统模型,经模态、谐响应分析初步确定模型,再经谐振试验,多次修正振动系统的形状尺寸参数,直至满足需求;这样设计周期长、效率低。ANSYS 虽然在可视化分析方面有许多优点,但还不能作为设计振动系统的直接手段,只能作为设计的校核方法。为此,从理论解析角度研究齿轮超声加工振动系统的设计理论和方法有重要研究价值,尤其是大质量负载非谐振单元振动系统的设计理论,可以丰富和完善现有超声加工振动系统的设计理论体系。

2. 大截面变幅杆与圆盘的振动求解需要新的理论方法

目前建立的变幅杆振动分析模型大都基于一维理论,变幅杆截面的泊松效应被忽略。由于齿轮加工机床传动链的复杂性,超声振动大都加在工件齿轮上,变幅杆还作为齿轮超声加工的夹持芯轴,齿轮超声加工的变幅杆已不再属于细长杆,不符合一维理论的适用条件,可以利用三维振动里兹数值法求解。变厚度圆盘的弯曲振动理论求解十分困难,也可以利用三维振动里兹数值法进行求解。以往超声珩磨振动系统中的圆盘振动求解理论是基于薄板理论,但齿轮或齿轮刀具的厚径比大都在中厚板理论之内,为此必须采用中厚板理论来建立振动系统的振动模型。

3. 振动模式转换型超声振动系统缺乏有效的设计方法

单一振动模式的超声振动系统已不能满足一些特定领域的应用需求。为了提高超声功率,实现不同脆硬材料、不同加工对象的超声加工,需要振动模式转换型超声振动系统。例如,齿轮超声加工中变幅杆与齿轮之间就存在纵向振动、纵向弯曲、纵向径向振动模式转换。模式转换型超声振动系统中存在至少两种不同的振动模态,其设计理论、计算分析方法及其振动特性等多方面比单一振动模式的振动系统复杂[120,121]。因此,针对不同的振动模式转换型超声振动系统,需要建立相应的理论分析模型与求解方法。

4. 超声珩齿振动系统设计的工程适应性研究不够全面

超声珩齿振动系统谐振模式所适应的齿轮工件的结构参数范围,还没有给出定量说明。基于 Mindlin 理论,如何合理地建立阶梯变厚度齿轮(带有轮毂、辐板、轮缘)的超声珩齿振动系统,以及不同孔径比、不同材料、不同轮毂、辐板、轮缘的直径与厚度、不同齿数、模数组合对振动系统谐振特性的影响规律,都需要深入研究;振动模型建立时还应考虑齿轮旋转和珩削力的影响;此外,也缺少超声纵弯珩齿工艺实验来验证非谐振设计方法的正确性。

1.6　研究意义

本书面向齿轮超声加工,针对超声加工振动系统全谐振设计的不足,创造性地提出非谐振设计理论,可丰富和完善超声加工振动系统的设计理论体系。非谐振单元(变幅杆、齿轮)、齿轮纵向谐振变幅器、齿轮纵弯谐振变幅器的振动动力学方程的建立、频率方程的求解,以及阻抗特性与谐振特性的实验验证,可确立由中小模数(1~10mm)、分度圆直径在 300mm 左右,不同结构、尺寸的圆柱齿轮与变幅杆这两个非谐振单元所组成的齿轮变幅器的设计方法与技术流程。超声珩齿与传统珩齿对比试验研究,可证明非谐振设计理论的正确性,并为超声加工在齿轮精密加工的推广应用奠定了理论和实验基础。对于开发硬齿面齿轮超声精密加工工艺具有重要意义。

1.7　主要研究内容

1. 齿轮超声加工振动系统的非谐振设计方法

研究非谐振单元振动系统的非谐振设计与谐振单元振动系统的全谐振设计之间的联系与区别,提出齿轮超声加工振动系统的设计理论体系。

2. 建立圆柱齿轮的横向弯曲振动分析的统一模型、纵弯变幅器的统一模型

利用 Mindlin 理论考虑一阶横向剪切效应、转动惯量、高速旋转效应对齿轮振动的影响,通过齿轮轮毂、辐板、轮缘三个环盘单元的振动耦合条件和边界条件,利用三个环盘单元厚度方向的尺寸关系,建立阶梯变厚度齿轮的横向弯曲振动求解的统一模型。并以此为基础,建立带有轮毂、辐板、轮缘结构齿轮的纵弯振动变幅器振动分析的理论模型,为齿轮超声加工振动系统的非谐振设计提供理论依据。

3. 变幅杆、径向变厚度环盘的三维振动里兹法的振动求解方法

采用三维振动里兹法,统一圆锥、圆截面指数形和悬链线形变幅杆的扭转、纵向、弯曲振动的求解方法;并对其一维欧拉-伯努利、三维振动里兹数值法、有限单元法、实验模态法进行对比分析。统一等厚环盘、径向变厚度环盘的轴对称横向弯曲、径向振动的求解方法,并对圆环盘的 Mindlin 理论、三维振动里兹数值法、有限单元法、实验模态法的求解结果对比分析。

4. 建立阻抗特性和谐振特性参数的测量系统

由于理论模型对物理模型的简化、理论数值求解的近似性、材料性能参数的离散性以及实际超声振动系统的阻抗特性、谐振特性参数与理论设计存在一定的误差,所以设计的超声珩齿振动系统应进行测量修正,且在加工过程中应对超声振动系统进行谐振状态检测。为此,建立以阻抗分析仪为基础的阻抗特性测量系统和基于激光测振仪建立振动系统的谐振特性参数测量系统,为齿轮超声加工振动系统的设计和谐振特性检测提供实验基础。

5. 齿轮超声加工振动系统的工程应用实用性研究

完成不同谐振方式、不同类型齿轮变幅器频率方程的推导。对不同振动方式齿轮变幅器所适应的齿轮参数范围给出定量描述,总结齿轮超声加工振动系统的设计技术流程。完成非谐振设计理论对齿轮齿数、模数、厚度尺寸参数的工程应用适应性研究。从理论数值求解、有限元模态与谐响应分析、谐振特性实验角度证明齿轮超声加工振动系统非谐振设计方法的实用性。

6. 完成超声珩齿与传统珩齿的对比试验

应用振动系统的非谐振设计方法,研制超声珩齿谐振装置。针对珩齿机

Y4650 建立超声珩齿试验的工艺系统,研究顶尖力和珩轮转速对超声谐振系统的影响。完成常用材料 40Cr 中小模数淬硬圆柱齿轮的超声珩齿与传统珩齿的加工对比试验,并从超声谐振方式、珩削效率、微观切削纹理、齿面表面粗糙度及周节累积、径向跳动偏差、齿形偏差、齿向偏差方面进行工艺效果对比研究。

参 考 文 献

[1] 刘忠明,王长路,张元国. 中国齿轮工业的现状、挑战与 2030 年愿景. 机械传动, 2011,35(12):1-6.

[2] 中国齿轮专业协会. 中国齿轮行业"十二五"发展规划纲要(2011-2015). http://www. cncgma. org/new-nr. asp? anclassid＝35&nclassid＝&id＝2617nclassid15＝15&id＝2638. html. 2010-06-30.

[3] 中国机械工程学会. 中国机械工程技术路线图. 北京:中国科学技术出版社,2011.

[4] Fuentes A,Nagamoto H,Litvin F L,et al. Computerized design of modified helical gears finished by plunge shaving. Computer Methods in Applied Mechanics and Engineering,2010,199(25-28):1677-1690.

[5] 王时英. 超声珩齿变幅器的设计理论及实验研究. 太原:太原理工大学博士学位论文,2009.

[6] 杜功焕,朱哲民,龚秀芬. 声学基础(第三版). 南京:南京大学出版社,2012.

[7] Rozenberg L D,Kazantsev V F. Ultrasonic Cutting. New York:Consultants Bureau, 1964.

[8] 王爱玲,祝锡晶,吴秀玲. 功率超声振动加工技术. 北京:国防工业出版社,2007.

[9] Thoe T B,Aspinwall D K,Wise M L H. Review on ultrasonic machining. International Journal of Machine Tools & Manufacture,1998,38(4):239-255.

[10] Breh D E,Dow T A. Review of vibration-assisted machining. Precision Engineering, 2008,32(3):153-172.

[11] Pei Z J,Ferreira P M. Modeling of ductile-mode material removal in rotary ultrasonic machining. International Journal of Machine Tools & Manufacture,1998,38(10-11): 1399-1418.

[12] Li Z C,Jiao Y,Deines T W,et al. Rotary ultrasonic machining of ceramic matrix compounds:Feasibility study and designed experiments. International Journal of Machine Tools & Manufacture,2005,45(12-13):1402-1411.

[13] Curodeau A,Guay J,Rodrigue D,et al. Ultrasonic abrasive μ-machining with thermoplastic tooling. International Journal of Machine Tools & Manufacture, 2008, 48(14):1553-1561.

[14] Truckenmuller R, Cheng Y, Ahrens R, et al. Micro ultrasonic welding: Joining of chemically inert polymer micro parts for single material fluidic components and systems. Microsystem Technologies, 2006, 12(10-11): 1027-1029.

[15] Singh R, Khamba J S. Ultrasonic machining of titanium and its alloys: A review. Journal of Materials Processing Technology, 2006, 173(2): 125-135.

[16] Kumar J, Khamba J S. Modeling the material removal rate in ultrasonic machining of titanium using dimensional analysis. International Journal of Machine Tools & Manufacture, 2010, 48(1-4): 103-119.

[17] Overcash J L, Cuttino J F. Design and experimental results of a tunable vibration turning device operating at ultrasonic frequencies. Precision Engineering, 2009, 33(2): 127-134.

[18] Pei Z J, Ferreira P M. An experimental investigation of rotary ultrasonic face milling. International Journal of Machine Tools & Manufacture, 1999, 39(8): 1327-1344.

[19] Gao G F, Zhao B, Xiang D H, et al. Research on the surface characteristics in ultrasonic grinding nano-zirconia ceramics. Journal of Materials Processing Technology, 2009, 209(1): 32-37.

[20] Meier E B, Mutlugünes Y, Klocke F, et al. Ultra-precision grinding. CIRP Annals Manufacturing Technology, 2010, 59(2): 652-671.

[21] Singh R, Khamba J S. Comparison of slurry effect on machining characteristics of titanium in ultrasonic drilling. Journal of Materials Processing Technology, 2008, 197(1-3): 200-205.

[22] Chern G L, Liang J M. Study on boring and drilling with vibration cutting. International Journal of Machine Tools & Manufacture, 2007, 47(1): 133-140.

[23] 吴雁. 微-纳米复合陶瓷二维超声振动磨削机理试验研究. 上海: 上海交通大学博士学位论文, 2007.

[24] 隈部淳一郎. 精密加工振动切削(基础和应用). 韩一昆, 薛万夫, 孙祥根, 等译. 北京: 机械工业出版社, 1985.

[25] 尹韶辉, 张辉润. 超声振动滚齿加工试验. 新技术新工艺, 1995, (6): 22.

[26] 罗凯华. 超声振动滚齿加工的实验研究. 新技术新工艺, 2001, (9): 14-15.

[27] Agapov S I. Hobbing of small-module gears in the presence of ultrasound. Russian Engineering Research, 2008, 28(4): 343-345.

[28] Agapov S I, Tkachenko I G. Determining the optimal amplitudes and directions of ultrasound vibrations in cutting small-module gears. Russian Engineering Research, 2010, 30(2): 141-143.

[29] Norio H, Shigeyuki Y. Gear tooth flank finishing method by ultrasonic wave. JP: 19880270838, 1990-05-11.

[30] 魏冰阳,邓效忠,杨建军,等. 一种研齿机. 中国:200720089823. 1,2008-02-13.

[31] Wei B Y,Deng X Z,Fang Z D. Study on ultrasonic-assisted lapping of gears. International Journal of Machine Tools & Manufacture,2007,47(12-13):2051-2056.

[32] 杨建军,邓效忠,魏冰阳,等. 弧齿锥齿轮激励研齿的动态研磨分析与试验. 航空动力学报,2010,25(12):2839-2845.

[33] 魏冰阳. 螺旋锥齿轮研磨加工的理论与实验研究. 西安:西北工业大学博士学位论文,2008.

[34] Pa P S. Design of gear-form electrode and ultrasonic-aid in electrochemical finishing of SNC236 surface. Indian Journal of Engineering & Material Sciences,2007,14(3):202-208.

[35] 贾连杰,刁国虎,马建新,等. 微齿轮超声复合电解加工工艺设计与试验. 扬州大学学报(自然科学版),2011,14(3):48-52.

[36] 秦慧斌,吕明,王时英. 齿轮超声加工技术的研究综述与展望. 机械传动,2012,36(3):102-106.

[37] 陈兴洲,邱超,薛东彬,等. 硬切削技术在硬齿面齿轮加工中的应用. 机械制造,2010,48(4):40-41.

[38] 钱利霞,李华,肖启明. 硬齿面齿轮加工技术研究及应用. 热加工工艺,2011,40(2):184-185,187.

[39] 吕明,梁国星. 硬齿面齿轮加工技术进展及展望. 太原理工大学学报,2012,43(3):237-242.

[40] Bouzakis K D, Lili E, Michailidis N, et al. Manufacturing of cylindrical gears by generating cutting processes:A critical synthesis of analysis methods. CIRP Annals-Manufacturing Technology,2008,57(2):676-696.

[41] Brinksmeier E, Giwerzew A. Hard gear finishing viewed as a process of abrasive wear. Wear,2005,258(1-4):62-69.

[42] 吕明,马红民,徐增伦. 硬齿面齿轮珩齿刀制造新工艺的研究. 金刚石与磨料磨具工程,2003,(5):46-47.

[43] 吕明,李文斌,徐灵岩,等. 全切削型剃珩齿轮刀具及使用方法. 中国:200410064544. 0,2008-06-04.

[44] 梁国星. 镀膜 CBN 珩轮激光钎焊理论分析与实验研究. 太原:太原理工大学博士学位论文,2010.

[45] 李文斌. 电镀 CBN 径向珩轮的设计理论及实验研究. 太原:太原理工大学博士学位论文,2010.

[46] 张满栋. 电镀 CBN 硬珩轮珩齿机理及动态仿真分析. 太原:太原理工大学博士学位论文,2010.

[47] 闻邦椿,李以农,张义民. 振动利用工程. 北京:科学出版社,2005.

[48] 吕明,王时英,轧刚. 超声珩齿弯曲振动变幅器的位移特性. 机械工程学报,2008, 44(7):106-111.

[49] 中国科学技术协会. 机械工程学科发展报告(机械制造),北京:中国科学技术出版 社,2009.

[50] 马麟. 超声振动辅助珩齿工艺的基础理论及材料去除机理研究. 太原:太原理工大 学博士学位论文,2009.

[51] 佘银柱. 超声珩齿非谐振单元变幅器的设计理论与实验研究. 太原:太原理工大学 博士学位论文,2012.

[52] 李向鹏. 超声珩齿变幅器动力学特性研究. 太原:太原理工大学硕士学位论文, 2012.

[53] 戴向国,傅水根,王先逵. 旋转超声加工机床的研究. 中国机械工程,2003,14(4): 289-292.

[54] 郑书友. 旋转超声加工机床的研制及实验研究. 厦门:华侨大学博士学位论文, 2008.

[55] 郭东明,赵福令. 面向快速制造的特种加工技术. 北京:国防工业出版社,2009.

[56] 张向慧. 旋转超声加工振动系统设计及关键技术的研究. 北京:北京林业大学博士 学位论文,2011.

[57] 程学艳,郭文娟,林彬,等. 超声波加工机床及其发展. 新技术新工艺,2004,(10): 40-42.

[58] 王有全,张兵. 数控技术在振动研磨装置中的应用. 四川大学学报(工程科学版), 2001,33(3):106-108.

[59] 何建文,连海山,郭钟宁,等. 多功能数控超声加工机床设计. 机电工程技术,2011, 40(1):13-15.

[60] 郑书友,冯平法,徐西鹏. 旋转超声加工技术研究进展. 清华大学学报,2009, 49(11):1799-1804.

[61] 俞宏沛,楼成滏,仲林建. 高功率超声振动系统探讨. 声学与电子工程,2010,(2): 1-4.

[62] 段忠福. 超声振动辅助车削加工机理分析. 上海:上海交通大学硕士学位论文, 2010.

[63] 王狂飞,胡玉昆,郑喜军,等. SiC p/ZL 101A 复合材料超声振动磨削试验研究. 兵器 材料科学与工程,2012,35(1):39-43.

[64] Yang J J,Zhang H,Deng X Z,et al. Ultrasonic lapping of hypoid gear:system design and experiments. Mechanism and Machine Theory,2013,(65):71-78.

[65] 赵文凤,郭钟宁,唐勇军. 新型超声振动结构的研究进展. 机床与液压,2010, 38(15):109-113.

[66] 许龙,林书玉. 模式转换环形耦合振动超声辐射器. 声学学报,2012,37(4):408-415.

[67] 魏冰阳,邓效忠,杨建军,等.超声研齿换能器的设计与研齿试验.声学技术,2007,26(4):767-770.

[68] 吴能赏,邓效忠,杨建军.准双曲面齿轮超声研齿系统中变幅杆的设计与研究.机械传动,2008,32(2):16-17,42.

[69] 宫晓琴,邢荣峰.基于四端网络法的超声珩齿振动系统设计.新技术新工艺,2009,(7):60-62.

[70] Gallego-Juárez J A,Rodriguez G,Acosta V,et al. Power ultrasonic transducers with extensive radiators for industrial processing. Ultrasonics Sonochemistry,2010,17(6):953-964.

[71] 李英华.基于旋转行波的超声抛光振子理论及实验研究.锦州:辽宁工业大学硕士学位论文,2011.

[72] 宁景锋,贺西平,李娜.纵振激励频率对圆盘弯曲振动特性的影响.振动与冲击,2011,30(4):100-102.

[73] 李伟,贺西平,张勇.纵向振子激励源面积对圆盘振动特性的影响.机械科学与技术,2010,29(3):404-406,411.

[74] 刘世清,王家涛,苏超.径向复合功率合成超声振动系统.浙江师范大学学报(自然科学版),2012,35(1):41-46.

[75] 许龙,林书玉.模式转换型超声塑焊振动系统的设计.声学学报,2010,35(6):688-693.

[76] 祝锡晶.超声光整加工及表面成型技术,北京:中国科学文化出版社,2005.

[77] 王时英,吕明,轧刚.非谐环盘及变幅杆组成的变幅器动力学特性研究.声学学报,2008,33(5):462-468.

[78] 林仲茂.超声变幅杆的原理和设计.北京:科学出版社,1987.

[79] 秦慧斌,吕明,王时英,等.三维振动里兹法在变幅杆谐振特性分析中的应用研究.振动与冲击,2012,31(18):163-168.

[80] 凤飞龙,朱旭宁,林书玉.指数形变幅杆固有频率的瑞利修正.陕西师范大学学报(自然科学版),2002,30(4):47-49.

[81] 张鹏利,付志强,林书玉.悬链线形超声变幅杆共振频率的瑞利修正.陕西师范大学学报,2009,37(5):35-37,41.

[82] Kuo K L. Design of rotary ultrasonic milling tool using FEM simulation. Journal of Materials Processing Technology,2008,201(1-3):48-52.

[83] Kuo K L. Ultrasonic vibrating system design and tool analysis. Transactions of Nonferrous Metals Society of China,2009,19(S1):225-231.

[84] Seah K H W,Wong Y S,Lee L C. Design of tool holders for ultrasonic machining using FEM. Journal of Materials Processing Technology,1993,37(1-4):801-816.

[85] Amin S G,Ahmed M H M,Youssef H A. Optimum design charts of acoustic horns

for ultrasonic machining. Proc. Int. Conf on AMPT's,1993,93(1):139-147.

[86] 陈俊波. 超声变幅杆节点优化设计. 声学与电子工程,2009(3):23-24,45.

[87] 张可昕,张向慧,高炬. 带有加工工具的超声复合变幅杆的优化设计. 机械设计与制造,2011(11):33-35.

[88] 杨志斌,吴凤林,轧刚. 大振幅比超声变幅杆的优化设计. 电加工与模具,2007,(6):44-46,49.

[89] Zhou G P,Li M X. A study on ultrasonic solid horns for flexural mode. Journal of the Acoustical Society of America,2000,107(3):1358-1362.

[90] 贺西平,高洁. 超声变幅杆设计方法研究. 声学技术,2006,25(1):82-86.

[91] 曹志远,张佑启. 半解析数值方法. 北京:国防工业出版社,1992.

[92] 王勖成. 有限单元法. 北京:清华大学出版社,2009.

[93] Singiresu S R. 机械振动(第四版). 李欣业,张明路译. 北京:清华大学出版社,2009.

[94] Bayón A,Gascón F,Medina R,et al. Study of pure transverse motion in free cylinders and plates in flexural vibration by Ritz's method. European Journal of Mechanics—A/Solids,2011,30(3):423-431.

[95] Kang J H,Leissa A W. Three-dimensional vibration analysis of thick,tapered rods and beams with circular cross-section. International Journal of Mechanical Sciences,2004,46(6):929-944.

[96] Kang J H,Leissa A W. Three-dimensional vibrations of solid cones with and without an axial circular cylindrical hole. International Journal of Solids and Structures,2004,41(14):3735-3746.

[97] Lee H. Modal acoustic radiation characteristics of a thick annular disk. Ohio:The Ohio State University Ph. D dissertation,2003.

[98] 闻邦椿. 机械设计手册(第五版)第二卷机械零部件设计(连接、紧固与传动). 北京:机械工业出版社,2010.

[99] Mindlin R D,Yang J S. An Introduction to the Mathematical Theory of Vibrations of Elastic Plates. Singapore:World Scientific Publishing Co. Pte. Ltd. ,2006.

[100] Mindlin R D. Influence of rotatory inertia and shear on flexural motions of isotropic elastic plates. Journal of Applied Mechanics,1951,73(18):31-38.

[101] Mindlin R D,Deresiewicz H. Thickness-shear and flexural vibrations of a circular disk. Journal of Applied Physics,1954,25(10):1329-1332.

[102] Mindlin R D,Schacknow A,Deresiewicz H,et al. Flexural vibrations of rectangular plates. Journal of Applied Mechanics,1956,78(23):430-436.

[103] Hosseini-Hashemi S,Eshaghi M,Rokni Damavandi T H,et al. Exact closed-form frequency equations for thick circular plates using a third-order shear deformation theory. Journal of Sound and Vibration,2010,329(16):3382-3396.

[104] Hosseini-Hashemi S, Fadaee M, Es'haghi M. A novel approach for in-plane/out-of-plane frequency analysis of functionally graded circular/annular plates. International Journal of Mechanical Sciences, 2010, 52(8):1025-1035.

[105] Stephen G N. Mindlin plate theory: Best shear coefficient and higher spectra validity. Journal of Sound and Vibration, 1997, 202(4):539-553.

[106] 潘晓娟, 贺西平. 厚圆盘弯曲振动研究. 物理学报, 2010, 59(11):7911-7916.

[107] 李向鹏, 张春辉, 王时英. 基于 Mindlin 理论的齿轮横向振动模型. 振动与冲击, 2011, 30(12):230-234.

[108] Hosseini-Hashemi S, Omidi M, Rokni Damavandi T H. The validity range of CPT and Mindlin plate theory in comparison with 3-D vibrational analysis of circular plates on the elastic foundation. European Journal of Mechanics—A/Solids, 2009, 28(2):289-304.

[109] Hosseini-Hashemi S, Azimzadeh-Monfared M, Rokni Damavandi T H. A 3-D Ritz solution for free vibration of circular/annular functionally graded plates integrated with piezoelectric layers. International Journal of Engineering Science, 2010, 48(12):1971-1984.

[110] Zhou D. Three-dimensional Vibration Analysis of Structural Elements Using Chebyshev-Ritz Method. Beijing: Science Press, 2007.

[111] 周欣竹, 郑建军, 姜璐. Winkler 地基上变厚度圆板的轴对称弯曲. 力学季刊, 2005, 26(1):169-176.

[112] Liang B, Zhang S F, Chen D Y. Natural frequencies of circular annular plates with variable thickness by a new method. International Journal of Pressure Vessels and Piping, 2007, 84(5):293-297.

[113] Zhou Z H, Wong K W, Xu X S, et al. Natural vibration of circular and annular thin plates by Hamiltonian approach. Journal of Sound and Vibration, 2011, 330(5):1005-1017.

[114] Kang J H. Three-dimensional vibration analysis of thick, circular and annular plates with nonlinear thickness variation. Computers and Structures, 2003, 81(16):1663-1675.

[115] Rokni Damavandi T H, Omidi M, Zadpoor A A, et al. Free vibration of circular and annular plates with variable thickness and different combinations of boundary conditions. Journal of sound and vibration, 2006, 296(4-5):1084-1092.

[116] Tso Y K, Hansen C H. Wave propagation through cylinder/plate junctions. Journal of Sound and Vibration, 1995, 186(3):447-461.

[117] Arpaci A. Annular plate dampers attached to continuous system. Journal of Sound and Vibration, 1996, 191(5):781-793.

[118] 祝锡晶.功率超声振动珩磨技术的基础与应用研究.南京:南京航空航天大学博士学位论文,2007.

[119] 吴松平.难加工材料超声振动深孔珩磨技术研究.西安:西安石油大学硕士学位论文,2008.

[120] 许龙.模式转换型功率超声振动系统的设计及优化.西安:陕西师范大学博士学位论文,2011.

[121] 陈维山,刘英想,石胜君.纵弯模态压电金属复合梁式超声电机.哈尔滨:哈尔滨工业大学出版社,2011.

第 2 章　非谐振设计理论

非谐振单元振动系统的非谐振设计理论是齿轮超声加工振动系统设计的理论基础。本章论述非谐振单元振动系统的非谐振设计与谐振单元振动系统的全谐振设计之间的联系和区别，提出齿轮超声加工振动系统的设计理论体系，为超声珩齿振动系统的设计奠定理论基础。

2.1　非谐振设计原理

2.1.1　局部共振现象及其应用

1982 年，范国良等[1,2]利用超声加工深小孔时，首先发现了当超声加工刀具杆很细长时，能独立于换能器和变幅杆组成的驱动系统，具有自有的共振现象，并将其称为超声加工工具系统中的"局部共振"现象。在此基础上，许多学者对"局部共振"现象从机理、建模、仿真、实验分析角度进行了一系列深入研究[3~7]。赵波等通过对由超声波发生器、换能器、变幅杆、弯曲振动圆盘和挠性杆-油石座组成的超声振动珩磨传声系统的研究发现，只要构成整个传声系统的各个子系统具有相同的谐振频率成分，通过调整超声波发生器的频率，系统就可以实现良好谐振[8~10]。这种现象也被称为"局部共振"现象。因此，"局部共振"现象有以下两个方面的应用：

（1）可以避免按整个系统全谐振设计时所带来的复杂性，从而简化谐振系统的设计。可将构成谐振系统的组成部分看作若干子系统，各个子系统设计时可作为一个独立的谐振系统来设计。

（2）超声加工过程中，工具在工作时连续受到磨损，可以通过微量调节驱动系统频率来消除刀具磨损对谐振系统产生的不利影响。

2.1.2　谐振单元振动系统的全谐振设计理论

"局部共振"现象为谐振单元振动系统的全谐振设计理论提供了实验证明。现有超声加工振动系统是全谐振系统[11]，即组成超声加工振动系统的超声波发生器、换能器、传振杆、变幅杆及工具或工件都是最小谐振单元，都具有与振动系统相同或相近（差别在±5%以内）的谐振频率，彼此可以组成谐振子系统。谐振系统设计时,按照谐振单元相应的振动方程,建立谐振单元的动力学方程,利用单元结构尺寸为其介质半波长或 1/4 波长整数倍的边界条件,根据谐振系统的谐振频率求出谐振单元的尺寸,这种设计方法称为全谐振设计方法。

Chern 等[12]采用全谐振设计方法设计的超声镗削和超声钻削谐振装置分别如图 2-1、图 2-2 所示。全谐振设计方法提高了超声设备谐振系统的设计效率,满足了一些超声加工设备特定条件下对超声振动频率和振幅的需求,但这种方法只适用于超声振动加工的工具或工件是谐振单元,或者因其质量较轻、体积较小,可忽略其对振动系统影响的情况。但在齿轮超声加工中,工件齿轮或刀具是变幅杆的直接负载,由于齿轮的材料、结构、尺寸等都是由其使用要求决定的,不能按系统谐振频率来设计,是非谐振单元;而且实际使用的超声谐振系统的激励驱动系统(超声波发生器、换能器)的频率调节范围是系统谐振频率的±5%,不能保证齿轮的谐振频率均在驱动系统的调节范围之内。所以,全谐振设计方法不能解决齿轮超声加工振动系统的设计问题。

图 2-1　超声镗削装置[12]

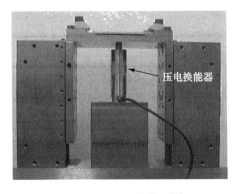

图 2-2　超声钻削装置[12]

2.1.3　非谐振单元振动系统的非谐振设计理论

理论和试验都证明,复杂结构的谐振频率与组成该结构的各个单元有关。按照这个理论,将结构尺寸不能任意确定(按照使用要求确定)的齿轮,与结构尺寸可以任意确定的变幅杆组成超声珩齿谐振系统时,可以通过调整变幅杆的结构尺寸,使齿轮与变幅杆组成的振动系统谐振于超声波发生器的额定工作频率,这样的齿轮与变幅杆组成的超声振动系统称为非谐振单元振动系统[13~15]。为区别于振动系统的全谐振设计方法,将此种设计方法定义为非谐振设计方法。该方法将振动系统的设计由谐振单元的划分转换为任意单元(没有谐振限制)的划分,增加了振动系统的设计柔性。具有以下特点。

1. 求解思路

必须将齿轮和变幅杆联合建立振动系统模型,通过振动耦合的位移、力、弯矩等连续条件和边界条件建立系统的振动频率方程,进而确定满足谐振频率和振动模态的系统形状尺寸参数。

2. 谐振频率和模态

系统的谐振频率与组成单元的谐振频率都不同。变幅杆与齿轮纵向谐振时,非谐振单元的振动模态相同;变幅杆与齿轮振动模式存在转换,如纵弯谐振模式、纵径谐振模式时,非谐振单元的振动模态互不相同。图 2-3 是纵向振动非谐振单元与二者组成的纵向谐振系统实例,非谐振单元与谐振系统的谐振

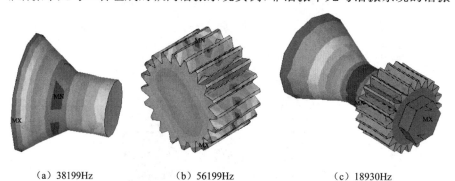

　　(a) 38199Hz　　　　　　　(b) 56199Hz　　　　　　　(c) 18930Hz

图 2-3　纵向振动非谐振单元与振动系统的谐振频率

齿轮参数:$m_n=2.5\text{mm}$、$z=20$、$h=30\text{mm}$,材料 45 钢

复合形变幅杆参数:$R_1=32\text{mm}$、$R_2=16\text{mm}$、$l_1=30\text{mm}$、$l_2=25.7\text{mm}$,材料 45 钢

模态相同,谐振频率不同;图 2-4 是纵弯振动非谐振单元与二者组成的纵弯谐振系统实例,非谐振单元与谐振系统的谐振模态不同,谐振频率也不同;图 2-5 是纵径振动非谐振单元与二者组成的纵径谐振系统实例,非谐振单元与谐振系统的谐振模态不同,谐振频率也不同。图 2-4 与图 2-5 中各非谐振单元的尺寸参数相同。

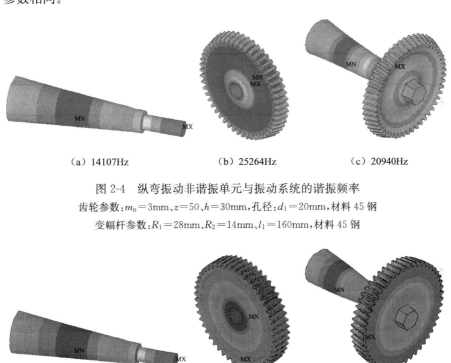

　　（a）14107Hz　　　　　　　（b）25264Hz　　　　　　　（c）20940Hz

图 2-4　纵弯振动非谐振单元与振动系统的谐振频率
齿轮参数:$m_n=3$mm,$z=50$,$h=30$mm,孔径:$d_1=20$mm,材料 45 钢
变幅杆参数:$R_1=28$mm,$R_2=14$mm,$l_1=160$mm,材料 45 钢

　　（a）14107Hz　　　　　　　（b）21719Hz　　　　　　　（c）23323Hz

图 2-5　纵径非谐振单元与振动系统的谐振频率

2.2　非谐振设计与全谐振设计之间的联系与区别

　　超声加工中,非谐振单元振动系统比谐振单元振动系统更为普遍,全谐振设计是在工程应用误差许可范围内,对非谐振单元振动系统非谐振设计的一种简化设计。例如,超声加工振动负载质量较小时,振动系统设计中将其忽略,或通过质量互易法,从变幅杆上减去与工具等质量的长度,再利用局部共振原理,通过调节超声波发生器的频率来最终实现振动系统的谐振。非谐振

设计应用范围比谐振设计广泛,尤其适合大负载超声加工振动系统的设计,如超声滚齿、超声剃齿、超声珩齿、超声研齿等齿轮超声加工谐振系统的设计,超声磨削谐振系统的设计。

非谐振单元变幅杆与齿轮或齿轮刀具组成的振动系统,如果利用全谐振设计方法来实现纵弯谐振,变幅杆长度为其介质内纵波长的 1/2,换能器输出位移最大,换能器与变幅杆的连接面、变幅杆与齿轮连接面的应力为零。利用齿轮分度圆的弯矩和剪力为零的边界条件(忽略超声珩齿时,CBN 颗粒对轮齿表面的高频珩削力)和齿轮的谐振频率为 1 阶节圆型横向弯曲振动频率来确定齿轮结构尺寸。齿轮与变幅杆组成的谐振系统在设计频率许可的误差范围内实现谐振。全谐振设计时没有考虑变幅杆与齿轮在连接面的振动耦合对二者的振动影响。其设计方法实质是换能器、变幅杆、齿轮都在振动位移最大处连接,连接面的应力为零。

可以推知,如果振动系统由变幅杆与非谐振于同一频率的齿轮组成,则在二者连接处将有较大应力产生。根据这一思路,采用应力、弯矩、力耦合、位移连续等条件作为振动耦合或振动方式转化的强加边界条件,可以通过调整变幅杆的非全谐振长度,来实现非谐振齿轮与变幅杆组成的振动系统的谐振。**从理论和实验角度可以证明:谐振单元振动系统的全谐振设计是非谐振单元振动系统非谐振设计的特例,非谐振单元振动系统的非谐振设计涵盖了谐振单元振动系统的全谐振设计,是超声振动系统设计理论的扩展和深化。**

2.3　齿轮超声加工振动系统的非谐振设计方法

1. 齿轮超声加工振动系统的组成与设计目标

齿轮超声加工振动系统由超声波发生器、换能器、传振杆、变幅杆和工件齿轮或齿轮刀具(剃齿刀、珩磨轮)等部分组成,是超声加工工艺系统的核心部分。它的主要作用是通过调节超声波发生器的频率与振动系统的工作设计频率一致,实现谐振,在齿轮加工中引入满足振动方式、振动频率、振动模态要求的高声频振动,用以获得良好的超声加工工艺效果。超声波发生器、换能器由专业的生产厂家按照全谐振设计方法进行设计生产,为此,振动系统设计的主要任务是结合超声加工需求,采用非谐振单元振动系统的非谐振设计方法,确定工件或工具、变幅杆的几何形状、尺寸参数、固定位置,使振动系统保持谐振工作状态,并呈现所需的振动模态、振动频率。

2. 齿轮超声加工振动系统的谐振类型

按照振动系统利用变幅杆与齿轮的组合振动形式,中小模数齿轮的超声加工振动系统可以分为:变幅杆纵向振动、齿轮纵向振动即纵向耦合谐振,变幅杆纵向振动、齿轮轴对称横向弯曲振动即纵弯耦合谐振,变幅杆纵向振动、齿轮轴对称径向振动即纵径耦合谐振,共三种耦合振动形式。振动系统设计时,首先根据齿轮工件的形状、尺寸参数特点,确定振动系统的谐振形式。中小模数齿轮超声加工中,加工分度圆直径小于 100mm、厚径比大于 0.3 的齿轮适宜利用纵向谐振方式设计谐振系统;分度圆直径大于 100mm、厚径比小于 0.3 的齿轮,适宜利用纵弯谐振方式设计谐振系统。本书重点研究前两种振动系统的动力学特性、适宜的齿轮加工范围以及齿数、模数、齿厚对振动系统谐振特性的影响规律,并完成超声珩齿试验。

3. 齿轮超声加工振动系统的设计方法

齿轮超声加工振动系统的设计体系结构如图 2-6 所示。纵向振动系统设计时,按照加工要求的频率、振幅,先由换能器尺寸确定变幅杆的大端直径、面积比、变幅杆类型、材料,将分度圆直径小于其介质纵波 1/4 波长的圆柱齿轮

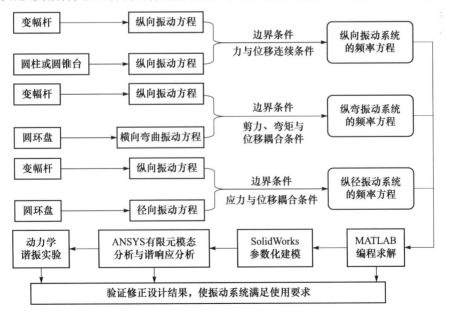

图 2-6　齿轮超声加工振动系统设计的体系结构

或圆锥齿轮简化为圆柱或圆锥模型,然后利用变幅杆的一维纵振理论,求得各非谐振单元的力、位移方程。利用非谐振单元间的位移、力连续条件和各自的边界条件联合建立振动系统的频率方程,并利用 MATLAB 求解方程,求得振动系统的未知参数。

纵弯振动系统设计时,按照加工要求的频率、振幅,先由换能器尺寸确定变幅杆的大端直径、面积比、变幅杆类型、材料,将齿轮简化为与其分度圆直径相同的圆环盘,然后利用变幅杆的一维纵振理论求得变幅杆的力、位移方程,利用 Mindlin 理论求得其弯矩、剪力、横向位移、转角的解析表达式。利用非谐振单元间的位移、剪力、弯矩连续条件和各自的边界条件联合建立振动系统的频率方程,利用 MATLAB 求解方程,求得振动系统未知参数。

纵径振动系统设计时,按照加工要求的频率、振幅,先由换能器尺寸确定变幅杆的大端直径、面积比、变幅杆类型、材料,将齿轮简化为与其分度圆直径相同的圆环盘,然后利用变幅杆的一维纵振理论求得变幅杆的力、位移方程,利用圆环盘径向振动理论求得其位移、应力的解析表达式。利用非谐振单元间的应力、位移连续条件和各自边界条件联合建立振动系统的频率方程,并利用 MATLAB 求解方程,求得振动系统的未知参数。

4. 齿轮超声加工振动系统设计的技术流程

齿轮超声加工振动系统设计的技术流程:根据齿轮工件的形状尺寸参数特点,确定振动系统的谐振类型;建立相应类型的振动分析模型→推导频率方程→数值求解→有限元模态与谐响应校核分析→谐振特性实验验证。

振动系统的频率方程是振动系统尺寸参数设计的主要依据,由于材料性能参数、材料声速取值与实际振动系统材料有偏差,以及振动系统的零部件加工装配误差等,使振动系统的实际频率值并不等于其理论设计值。因此,振动系统的设计首先根据频率方程进行初步设计,再通过有限元模态分析和谐响应分析对振动系统的谐振特性参数进行校核,最后对振动系统的阻抗特性和谐振特性参数进行测量验证,使其频率与超声波发生器及换能器的谐振频率一致,实现稳定谐振,且谐振模态满足实际加工要求。

2.4　本章小结

非谐振单元振动系统的非谐振设计理论涵盖了谐振单元振动系统的全谐振设计理论,是超声振动系统设计理论的拓展和深化。非谐振设计理论使超声振动系统设计从谐振单元划分变为任意单元的划分,提高了振动系统设计的柔性。本章重点提出了齿轮超声加工振动系统的设计理论体系。

参 考 文 献

[1] 范国良,应崇福,林仲茂,等. 一种新型的超声加工深小孔的工具系统. 应用声学, 1982,1(1):2-7,32.

[2] 应崇福,范国良. 超声复合振动系统中的"局部共振"现象——20 年来的应用和机理分析情况. 应用声学,2002,21(1):19-25.

[3] 刘世清,丁大成,董彦武. 复合振动系统中"局部扭转共振现象"的研究. 中南工学院学报,1995,9(1):1-6.

[4] 季远,张德远. 超声复合振动系统中的"局部共振"现象实验研究. 应用声学,2003, 22(6):6-9.

[5] 王敏慧. 阶梯形变幅杆的有限元仿真及其在局部共振研究中的应用. 西安:陕西师范大学硕士学位论文,2005.

[6] 郑建新,徐家文,刘传绍,等. 超声加工中局部共振机理的模拟试验研究. 南京航空航天大学学报,2006,38(5):644-648.

[7] Yang J J,Fang Z D,Wei B. Y,et al. Theoretical explanation of the "local resonance" in stepped acoustic horn based on four-end network method. Journal of Materials Processing Technology,2009,209(6):3106-3110.

[8] 赵波,何定东. 超声珩磨局部共振问题研究. 机械工艺师,1998,(6):4-6.

[9] 铁占续,赵波. 超声珩磨传声系统局部共振设计方法研究. 焦作工学院学报(自然科学版),2002,21(2):147-149.

[10] Gao G F,Zhao B,Xiang D H,et al. Research on the surface characteristics in ultrasonic grinding nano-zirconia ceramics. Journal of Materials Processing Technology, 2009,209(1):32-37.

[11] Yang J S,Yang Z T. Analytical and numerical modeling of resonant piezoelectric devices in China—A review. Science in China Series G:Physics, Mechanics & Astronomy,2008,51(12):1775-1807.

[12] Chern G L,Liang J M. Study on boring and drilling with vibration cutting. International Journal of Machine Tools & Manufacture,2007,47(1):133-140.

[13] 吕明,王时英,轧刚. 超声珩齿弯曲振动变幅器的位移特性. 机械工程学报,2008, 44(7):106-111.

[14] 王时英,吕明,轧刚. 非谐环盘及变幅杆组成的变幅器动力学特性研究. 声学学报, 2008,33(5):462-468.

[15] 王时英,吕明,轧刚. 超声珩齿指数型变幅器的动力学特性. 机械工程学报,2007, 43(6):190-193.

第3章　齿轮横向弯曲振动的统一求解模型

研究齿轮的简化模型和动力学特性对齿轮超声加工谐振系统的设计和优化有重要意义。本章基于 Mindlin 理论,利用环盘单元的边界条件和环盘单元间的耦合振动位移、内力连续条件,提出带有轮毂、辐板、轮缘结构的齿轮横向弯曲振动分析模型,统一了等厚度与阶梯变厚度齿轮横向弯曲振动模型的求解方法,重点研究了轴对称节圆型横向弯曲振动的频率和振型求解方法,轮毂、辐板、轮缘的厚度及齿轮厚径比对节圆型横向弯曲振动频率的影响规律。有限元模态、实验模态分析方法验证了理论分析模型的正确性,为齿轮超声加工振动系统的设计提供了理论基础。

3.1　Mindlin 理 论

3.1.1　厚板动力理论的基本方程

图 3-1 所示的各向同性均质厚板,xOy 平面为厚板的中性面,z 轴垂直于 xOy 平面,厚板长度为 a、宽度为 b、厚度为 h,$z=-h/2$ 为承载面。厚板在振动时,有沿坐标轴的 3 个位移分量 u、v、w,6 个应变分量 ε_x、ε_y、ε_z、γ_{xy}、γ_{yz}、γ_{zx},6 个应力分量 σ_x、σ_y、σ_z、τ_{xy}、τ_{yz}、τ_{zx}。这 15 个未知数将满足由三维动力学

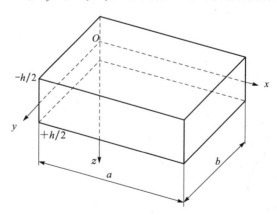

图 3-1　厚板的振动分析模型

运动方程(3-1)、本构方程(3-2)、几何方程(3-3)组成的 15 个方程[1]。其中三维动力学运动方程为

$$
\begin{cases}
\dfrac{\partial \sigma_x}{\partial x} + \dfrac{\partial \tau_{xy}}{\partial y} + \dfrac{\partial \tau_{xz}}{\partial z} + F_x = \rho \dfrac{\partial^2 u}{\partial t^2} \\[2mm]
\dfrac{\partial \tau_{yx}}{\partial x} + \dfrac{\partial \sigma_y}{\partial y} + \dfrac{\partial \tau_{yz}}{\partial z} + F_y = \rho \dfrac{\partial^2 v}{\partial t^2} \\[2mm]
\dfrac{\partial \tau_{zx}}{\partial x} + \dfrac{\partial \tau_{zy}}{\partial y} + \dfrac{\partial \sigma_z}{\partial z} + F_z = \rho \dfrac{\partial^2 w}{\partial t^2}
\end{cases}
\tag{3-1}
$$

式中,F_x、F_y、F_z 为体积力分量。对于各向同性线弹性材料,应力、应变满足本构方程:

$$
\begin{cases}
\sigma_x = \dfrac{E}{1+\mu}\left(\varepsilon_x + \dfrac{\mu}{1-2\mu}e\right), \quad \tau_{xy} = G\gamma_{xy} \\[2mm]
\sigma_y = \dfrac{E}{1+\mu}\left(\varepsilon_y + \dfrac{\mu}{1-2\mu}e\right), \quad \tau_{yz} = G\gamma_{yz} \\[2mm]
\sigma_z = \dfrac{E}{1+\mu}\left(\varepsilon_z + \dfrac{\mu}{1-2\mu}e\right), \quad \tau_{zx} = G\gamma_{zx}
\end{cases}
\tag{3-2}
$$

式中,$e=\varepsilon_x+\varepsilon_y+\varepsilon_z$ 为体积应变;μ 为泊松比;G 为剪切弹性模量;E 为杨氏弹性模量;G 与 μ 二者存在关系为 $G=E/[2(1+\mu)]$。

位移分量和应变分量满足以下几何方程:

$$
\begin{cases}
\varepsilon_x = \dfrac{\partial u}{\partial x}, \quad \varepsilon_y = \dfrac{\partial v}{\partial y}, \quad \varepsilon_z = \dfrac{\partial w}{\partial z} \\[2mm]
\gamma_{xy} = \dfrac{\partial u}{\partial y} + \dfrac{\partial v}{\partial x}, \quad \gamma_{yz} = \dfrac{\partial v}{\partial z} + \dfrac{\partial w}{\partial y}, \quad \gamma_{zx} = \dfrac{\partial w}{\partial x} + \dfrac{\partial u}{\partial z}
\end{cases}
\tag{3-3}
$$

假定 1　厚板在力作用下水平位移偏离直法线部分沿各截面是几何相似的[2]。

$$
\begin{cases}
u - \left(-\dfrac{\partial w}{\partial x}z\right) = u_\tau(x,y,z,t) = \phi_x(x,y,t)f(z) \\[2mm]
v - \left(-\dfrac{\partial w}{\partial y}z\right) = v_\tau(x,y,z,t) = \phi_y(x,y,t)f(z)
\end{cases}
\tag{3-4}
$$

从数学上是假定偏离部分 u_τ、v_τ(图 3-2 中阴影部分)是可以分离变量的。这部分随平面及时间的变化规律用函数 ϕ_x、ϕ_y 表示,沿厚度分布以 $f(z)$ 表示。式(3-4)中左边带括号部分即为原经典薄板的直法线部分。将式(3-4)代入几

何方程(3-3)后,经整理可得

$$
\begin{cases}
\gamma_{yz} = \phi_{y}f'(z) \\
\gamma_{zx} = \phi_{x}f'(z)
\end{cases}
\tag{3-5}
$$

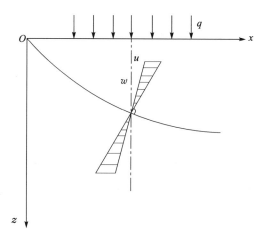

图 3-2　厚板的受力变形分析模型

再将式(3-5)代入物理方程(3-2)后两行的第 2 式得

$$
\begin{cases}
G\phi_{y}f'(z) = \tau_{yz}(x,y,z,t) = Q_{y}(x,y,t)T(z) \\
G\phi_{x}f'(z) = \tau_{zx}(x,y,z,t) = Q_{x}(x,y,t)T(z)
\end{cases}
\tag{3-6}
$$

其中,$Q_x = \displaystyle\int_{-h/2}^{h/2} \tau_{zx}\mathrm{d}z$、$Q_y = \displaystyle\int_{-h/2}^{h/2} \tau_{yz}\mathrm{d}z$ 为截面剪力,故 $T(z)$ 应满足

$$
\int_{-h/2}^{h/2} T(z)\mathrm{d}z = 1
\tag{3-7}
$$

由式(3-6)可得

$$
f(z) = \frac{Q_x}{G\phi_x}P(z) = \frac{Q_y}{G\phi_y}P(z)
\tag{3-8}
$$

式中,$P(z) = \displaystyle\int_{0}^{z} T(z)\mathrm{d}z$ 为偏离位移分布函数,由式(3-7)得

$$
P\left(\frac{h}{2}\right) - P\left(-\frac{h}{2}\right) = 1
$$

假定 2　影响弯曲应力的挤压变形沿各截面是几何相似的[2]。

由本构方程(3-2)前两行的第 1 式可得

$$\begin{cases} \sigma_x = \dfrac{E}{1-\mu^2}(\varepsilon_x + \mu\varepsilon_y + \varepsilon') \\[2mm] \sigma_y = \dfrac{E}{1-\mu^2}(\varepsilon_y + \mu\varepsilon_x + \varepsilon') \end{cases} \tag{3-9}$$

式中，ε' 代表法应力 σ_z 产生的挤压变形对弯曲应力 σ_x、σ_y 的影响(对于经典理论假定为零)。根据假定 2 有

$$\varepsilon' = \frac{\mu(1+\mu)}{E}q(x,y,t)B(z) \tag{3-10}$$

式中，$q(x,y,t)$ 为表面载荷；$B(z)$ 为挤压变形分布函数，其应满足的两表面边界条件为

$$B\left(\frac{h}{2}\right) = 0, \quad B\left(-\frac{h}{2}\right) = 1$$

在上述两项假定的前提下，根据三维弹性动力学基本方程(3-1)~(3-3)来建立厚板基本动力方程。

1. 位移

将式(3-8)代入式(3-4)可得

$$\begin{cases} u = -\dfrac{\partial w}{\partial x}z + \dfrac{Q_x}{G}P(z) \\[2mm] v = -\dfrac{\partial w}{\partial y}z + \dfrac{Q_y}{G}P(z) \end{cases} \tag{3-11}$$

2. 应变

将式(3-11)代入式(3-3)，可得

$$\begin{cases} \varepsilon_x = -\dfrac{\partial^2 w}{\partial x^2}z + \dfrac{\partial Q_x}{G\partial x}P(z) \\[2mm] \varepsilon_y = -\dfrac{\partial^2 w}{\partial y^2}z + \dfrac{\partial Q_y}{G\partial y}P(z) \\[2mm] \gamma_{xy} = -2\dfrac{\partial^2 w}{\partial x\partial y}z + \left(\dfrac{\partial Q_x}{G\partial y} + \dfrac{\partial Q_y}{G\partial x}\right)P(z) \end{cases} \tag{3-12}$$

3. 应力

将式(3-10)及式(3-12)的第 1、2 式分别代入式(3-9)及式(3-12)的第 3

式,进而代入本构方程(3-2),可得

$$
\begin{cases}
\sigma_x = \dfrac{E}{1-\mu^2}\left[-\left(\dfrac{\partial^2 w}{\partial x^2} + \mu\dfrac{\partial^2 w}{\partial y^2}\right)z + \left(\dfrac{\partial Q_x}{G\partial x} + \mu\dfrac{\partial Q_y}{G\partial y}\right)P(z)\right] + \dfrac{\mu}{1-\mu}qB(z) \\[3mm]
\sigma_y = \dfrac{E}{1-\mu^2}\left[-\left(\dfrac{\partial^2 w}{\partial y^2} + \mu\dfrac{\partial^2 w}{\partial x^2}\right)z + \left(\dfrac{\partial Q_y}{G\partial y} + \mu\dfrac{\partial Q_x}{G\partial x}\right)P(z)\right] + \dfrac{\mu}{1-\mu}qB(z) \\[3mm]
\tau_{xy} = G\left[-2\dfrac{\partial^2 w}{\partial x\partial y}z + \left(\dfrac{\partial Q_x}{G\partial y} + \dfrac{\partial Q_y}{G\partial x}\right)P(z)\right]
\end{cases}
$$
$$(3\text{-}13)$$

4. 内力

$$
\begin{cases}
M_x = \displaystyle\int_{-h/2}^{h/2}\sigma_x z\,\mathrm{d}z = D\left(\dfrac{\partial\beta_x}{\partial x} + \mu\dfrac{\partial\beta_y}{\partial y} + \dfrac{k_\sigma}{Ch}q\right) \\[3mm]
M_y = \displaystyle\int_{-h/2}^{h/2}\sigma_y z\,\mathrm{d}z = D\left(\dfrac{\partial\beta_y}{\partial y} + \mu\dfrac{\partial\beta_x}{\partial x} + \dfrac{k_\sigma}{Ch}q\right) \\[3mm]
M_{xy} = \displaystyle\int_{-h/2}^{h/2}\tau_{xy} z\,\mathrm{d}z = \dfrac{1-\mu}{2}D\left(\dfrac{\partial\beta_x}{\partial y} + \dfrac{\partial\beta_y}{\partial x}\right)
\end{cases}
$$
$$(3\text{-}14)$$

式中

$$
D = \frac{Eh^3}{12(1-\mu^2)}, \quad \beta_x = -\frac{\partial w}{\partial x} + \frac{k_\tau Q_x}{Gh}, \quad \beta_y = -\frac{\partial w}{\partial y} + \frac{k_\tau Q_y}{Gh}, \quad C = \frac{E}{\mu(1+\mu)}
$$

其中,D 为厚板的弯曲刚度;C 为厚板的挤压模量;系数

$$
k_\tau = \frac{12}{h^2}\int_{-h/2}^{h/2}P(z)z\,\mathrm{d}z, \quad k_\sigma = \frac{12}{h^2}\int_{-h/2}^{h/2}B(z)z\,\mathrm{d}z
$$

5. 平衡方程

在不计体积力情况下,将式(3-1)的第 3 式沿 z 向积分,并代入截面剪力 $Q_x = \displaystyle\int_{-h/2}^{h/2}\tau_{zx}\,\mathrm{d}z$, $Q_y = \displaystyle\int_{-h/2}^{h/2}\tau_{yz}\,\mathrm{d}z$ 可得式(3-15)的第 1 式,将位移式(3-11)代入式(3-15)的第 1 式,并利用系数表达式 β_x、β_y、k_τ、k_σ 可得

$$
\int_{-h/2}^{h/2}uz\,\mathrm{d}z = \beta_x J, \quad \int_{-h/2}^{h/2}vz\,\mathrm{d}z = \beta_y J
$$

式中,J 为厚板的截面惯性矩。不计体积力,将式(3-1)的第 1、2 式分别沿 z 向积分,并利用截面剪力和内力表达式(3-14),可得式(3-15)的第 2、3 式。

$$\begin{cases} \dfrac{\partial Q_x}{\partial x} + \dfrac{\partial Q_y}{\partial y} + q - \rho h \dfrac{\partial^2 w}{\partial t^2} = 0 \\[3mm] \dfrac{\partial M_x}{\partial x} + \dfrac{\partial M_{xy}}{\partial y} - Q_x - \rho J \dfrac{\partial^2 \beta_x}{\partial t^2} = 0 \\[3mm] \dfrac{\partial M_{xy}}{\partial x} + \dfrac{\partial M_y}{\partial y} - Q_y - \rho J \dfrac{\partial^2 \beta_y}{\partial t^2} = 0 \end{cases} \tag{3-15}$$

6. 厚板的基本动力方程

利用厚板的内力表达式(3-14),系数表达式 β_x、β_y 和平衡方程(3-15)共 8 式,可求出厚板的 8 个力学分量 w、β_x、β_y、M_x、M_y、M_{xy}、Q_x、Q_y。将上述方程进一步归纳整理可求出 w、Q_x、Q_y 的基本微分方程组。

先利用系数表达式 β_x、β_y,求出 Q_x、Q_y 表达式,再代入平衡方程(3-15)的第 1 式,可得出式(3-16)的第 1 式。将式(3-14)的 M_x、M_y、M_{xy} 内力表达式分别代入式(3-15)的第 2、3 式,可求出式(3-16)的第 2、3 式。

$$\begin{cases} \dfrac{Gh}{k_\tau}\left(\nabla w + \dfrac{\partial \beta_x}{\partial x} + \dfrac{\partial \beta_y}{\partial y}\right) - \rho h \dfrac{\partial^2 w}{\partial t^2} + q = 0 \\[4mm] Q_x = D\left(\dfrac{\partial^2 \beta_x}{\partial x^2} + \dfrac{1-\mu}{2}\dfrac{\partial^2 \beta_x}{\partial y^2} + \dfrac{1+\mu}{2}\dfrac{\partial^2 \beta_y}{\partial x\partial y} + \dfrac{k_\sigma}{Ch}\dfrac{\partial q}{\partial x}\right) - \rho J \dfrac{\partial^2 \beta_x}{\partial t^2} \\[4mm] Q_y = D\left(\dfrac{\partial^2 \beta_y}{\partial y^2} + \dfrac{1-\mu}{2}\dfrac{\partial^2 \beta_y}{\partial x^2} + \dfrac{1+\mu}{2}\dfrac{\partial^2 \beta_x}{\partial x\partial y} + \dfrac{k_\sigma}{Ch}\dfrac{\partial q}{\partial y}\right) - \rho J \dfrac{\partial^2 \beta_y}{\partial t^2} \end{cases}$$

$$\tag{3-16}$$

式中,$\nabla(\bullet) = \dfrac{\partial^2(\bullet)}{\partial x^2} + \dfrac{\partial^2(\bullet)}{\partial y^2}$ 为平面直角坐标系的 Laplace 微分算子。

将式(3-16)中的 Q_x、Q_y 表达式代入式(3-15)的第 1 式,可以求得

$$D\left[\nabla\left(\dfrac{\partial \beta_x}{\partial x} + \dfrac{\partial \beta_y}{\partial y}\right) + \dfrac{k_\sigma}{Ch}\nabla q\right] - \rho J \dfrac{\partial^2}{\partial t^2}\left(\dfrac{\partial \beta_x}{\partial x} + \dfrac{\partial \beta_y}{\partial y}\right) + q - \rho h \dfrac{\partial^2 w}{\partial t^2} = 0$$

$$\tag{3-17}$$

将式(3-16)的第 1 式中求出的 $\dfrac{\partial \beta_x}{\partial x} + \dfrac{\partial \beta_y}{\partial y}$ 表达式代入式(3-17),可求得式(3-18)的第 1 式;将 β_x、β_y 的系数表达式代入内力表达式(3-14),再代入式(3-16)的第 2、3 式,可求得(3-18)的第 2、3 式。

$$
\left\{
\begin{aligned}
&\nabla\nabla w - \left(\frac{k_\tau\rho}{G} + \frac{\rho J}{D}\right)\frac{\partial^2}{\partial t^2}\nabla w + \frac{k_\tau\rho}{G}\frac{\rho J}{D}\frac{\partial^4 w}{\partial t^4} + \frac{\rho h}{D}\frac{\partial^2 w}{\partial t^2} = \frac{q}{D} + \frac{k_\tau}{Gh}\left(\frac{\rho J}{D}\frac{\partial^2 q}{\partial t^2} - \nabla q\right) \\
&\hspace{8cm} + \frac{k_\tau}{Ch}\nabla q \\
&Q_x - \frac{1-\mu}{2}\frac{k_\tau D}{Gh}\nabla Q_x + \frac{k_\tau\rho J}{Gh}\frac{\partial^2 Q_x}{\partial t^2} = -D\frac{\partial}{\partial x}\nabla w + \left(\rho J + \frac{1+\mu}{2}\frac{k_\tau\rho D}{G}\right)\frac{\partial^3 w}{\partial x\partial t^2} \\
&\hspace{6cm} + \frac{D}{h}\left(\frac{k_\sigma}{C} - \frac{1+\mu}{2}\frac{k_\tau}{G}\right)\frac{\partial q}{\partial x} \\
&Q_y - \frac{1-\mu}{2}\frac{k_\tau D}{Gh}\nabla Q_y + \frac{k_\tau\rho J}{Gh}\frac{\partial^2 Q_y}{\partial t^2} = -D\frac{\partial}{\partial y}\nabla w + \left(\rho J + \frac{1+\mu}{2}\frac{k_\tau\rho D}{G}\right)\frac{\partial^3 w}{\partial y\partial t^2} \\
&\hspace{6cm} + \frac{D}{h}\left(\frac{k_\sigma}{C} - \frac{1+\mu}{2}\frac{k_\tau}{G}\right)\frac{\partial q}{\partial y}
\end{aligned}
\right.
$$

$$(3\text{-}18)$$

7. 厚板物理量求解过程描述

式(3-18)是厚板的基本动力学方程。由式(3-18)可以求得厚板的 w、Q_x、Q_y 物理量,进而由表达式 $\beta_x = -\frac{\partial w}{\partial x} + \frac{k_\tau Q_x}{Gh}$、$\beta_y = -\frac{\partial w}{\partial y} + \frac{k_\tau Q_y}{Gh}$,求出 β_x、β_y,再由内力表达式(3-14)求出内力 M_x、M_y、M_{xy}。

8. 厚板与薄板动力学方程的比较分析

厚板的基本动力学方程(3-18)中,$\frac{k_\tau}{G}$ 项反映了剪变形效应;ρJ 项反映了转动惯量效应;$\frac{k_\sigma}{C}$ 项反映了挤压变形效应。若 $\lim\limits_{G\to\infty}\frac{k_\tau}{G}=0$,此时可以忽略剪变形效应;若 $\rho J\to0$,此时可以忽略转动惯量效应;若 $\lim\limits_{C\to\infty}\frac{k_\sigma}{C}=0$,此时可以忽略挤压变形效应。当 $[0.01, 0.0125]\leqslant h/a\leqslant[0.125, 0.2]$ 时,从工程应用角度来讲,剪切、挤压、转动惯量效应都可以忽略,此时厚板的基本动力学方程(3-18)蜕变为式(3-19),即薄板基本动力学方程。

$$
\left\{
\begin{aligned}
&D\,\nabla\nabla w + \rho h\,\frac{\partial^2 w}{\partial t^2} = q \\
&Q_x = -D\,\frac{\partial}{\partial x}\,\nabla w \\
&Q_y = -D\,\frac{\partial}{\partial y}\,\nabla w
\end{aligned}
\right.
$$

$$(3\text{-}19)$$

由式(3-18)和式(3-19)对比分析可知,厚板动力学方程(3-18)是一组联立求解的偏微分方程组,而薄板动力学方程(3-19)的第 1 式是关于 w 的独立偏微分方程,在求得 w 后,利用式(3-19)的第 2、3 式,只需简单的偏微分运算即可求出 Q_x、Q_y。但求解厚板方程要比薄板方程困难得多[2]。式(3-18)是一组联立求解的偏微分方程组,在厚板的每一边界可以满足三个条件,而薄板基本方程只能在每个边界满足两个条件。

3.1.2　Mindlin 中厚板求解理论

若限定偏离位移函数为正弦分布,而忽略挤压变形影响,即

$$P(z) = \frac{1}{2}\sin\left(\frac{z\pi}{h}\right), \quad B(z) = 0$$

由于系数表达式为

$$k_\tau = \frac{12}{h^2}\int_{-h/2}^{h/2} P(z)z\mathrm{d}z, \quad k_\sigma = \frac{12}{h^2}\int_{-h/2}^{h/2} B(z)z\mathrm{d}z$$

可求得[3]

$$k_\tau = \frac{12}{\pi^2}, \quad k_\sigma = 0$$

首先利用系数表达式 $\beta_x = -\dfrac{\partial w}{\partial x} + \dfrac{k_\tau Q_x}{Gh}$、$\beta_y = -\dfrac{\partial w}{\partial y} + \dfrac{k_\tau Q_y}{Gh}$,求出 Q_x、Q_y 表达式,再代入式(3-16),并利用 $k_\tau = \dfrac{12}{\pi^2}$、$k_\sigma = 0$ 可得

$$\begin{cases} \dfrac{\pi^2 Gh}{12}\left(\nabla w + \dfrac{\partial \beta_x}{\partial x} + \dfrac{\partial \beta_y}{\partial y}\right) + q = \rho h\,\dfrac{\partial^2 w}{\partial t^2} \\[3mm] \dfrac{D}{2}\left[(1-\mu)\,\nabla \beta_x + (1+\mu)\,\dfrac{\partial}{\partial x}\left(\dfrac{\partial \beta_x}{\partial x} + \dfrac{\partial \beta_y}{\partial y}\right)\right] - \dfrac{\pi^2 Gh}{12}\left(\dfrac{\partial w}{\partial x} + \beta_x\right) = \rho J\,\dfrac{\partial^2 \beta_x}{\partial t^2} \\[3mm] \dfrac{D}{2}\left[(1-\mu)\,\nabla \beta_y + (1+\mu)\,\dfrac{\partial}{\partial y}\left(\dfrac{\partial \beta_x}{\partial x} + \dfrac{\partial \beta_y}{\partial y}\right)\right] - \dfrac{\pi^2 Gh}{12}\left(\dfrac{\partial w}{\partial y} + \beta_y\right) = \rho J\,\dfrac{\partial^2 \beta_y}{\partial t^2} \end{cases}$$

$$\text{(3-20)}$$

将 $k_\tau = \dfrac{12}{\pi^2}$、$k_\sigma = 0$ 代入式 $\beta_x = -\dfrac{\partial w}{\partial x} + \dfrac{k_\tau Q_x}{Gh}$、$\beta_y = -\dfrac{\partial w}{\partial y} + \dfrac{k_\tau Q_y}{Gh}$,进而代入内力表达式(3-14)可得

$$\begin{cases} M_x = -D\left(\dfrac{\partial^2 w}{\partial x^2} + \mu\dfrac{\partial^2 w}{\partial y^2}\right) + \dfrac{2h^2}{\pi^2(1-\mu)}\left(\dfrac{\partial Q_x}{\partial x} + \mu\dfrac{\partial Q_y}{\partial y}\right) \\[2mm] M_y = -D\left(\dfrac{\partial^2 w}{\partial y^2} + \mu\dfrac{\partial^2 w}{\partial x^2}\right) + \dfrac{2h^2}{\pi^2(1-\mu)}\left(\dfrac{\partial Q_y}{\partial y} + \mu\dfrac{\partial Q_x}{\partial x}\right) \\[2mm] M_{xy} = -D(1-\mu)\dfrac{\partial^2 w}{\partial x\partial y} + \dfrac{h^2}{\pi^2}\left(\dfrac{\partial Q_x}{\partial y} + \dfrac{\partial Q_y}{\partial x}\right) \\[2mm] Q_x = \dfrac{Gh\pi^2}{12}\left(\dfrac{\partial w}{\partial x} + \beta_x\right) \\[2mm] Q_y = \dfrac{Gh\pi^2}{12}\left(\dfrac{\partial w}{\partial y} + \beta_y\right) \end{cases} \tag{3-21}$$

式(3-20)、式(3-21)即为 Mindlin 理论的基本方程[3]。

　　将式(3-20)作如下变换：

$$\begin{cases} w = w_1 + w_2 \\[2mm] \beta_x = (\sigma_1 - 1)\dfrac{\partial w_1}{\partial x} + (\sigma_2 - 1)\dfrac{\partial w_2}{\partial x} + \dfrac{\partial H}{\partial y} \\[2mm] \beta_y = (\sigma_1 - 1)\dfrac{\partial w_1}{\partial y} + (\sigma_2 - 1)\dfrac{\partial w_2}{\partial y} - \dfrac{\partial H}{\partial x} \end{cases} \tag{3-22}$$

　　对于自由振动，则得振型 w_1、w_2、H 所满足的方程：

$$\begin{cases} (\nabla + \delta_i^2)w_i = 0 \quad (i=1,2) \\[2mm] (\nabla + \delta_H^2)H = 0 \end{cases} \tag{3-23}$$

式中

$$\begin{cases} \delta_0^4 = \dfrac{\rho h}{D}\omega^2, \quad R = \dfrac{h^2}{12}, \quad S = \dfrac{12D}{Gh\pi^2} \\[2mm] \delta_1^2 = \dfrac{1}{2}\delta_0^4\left\{(R+S) + \left[(R-S)^2 + 4\delta_0^{-4}\right]^{\frac{1}{2}}\right\} \\[2mm] \delta_2^2 = \dfrac{1}{2}\delta_0^4\left\{(R+S) - \left[(R-S)^2 + 4\delta_0^{-4}\right]^{\frac{1}{2}}\right\} \\[2mm] \delta_H^2 = \dfrac{2(R\delta_0^4 - S^{-1})}{1-\mu} \\[2mm] \sigma_1 = \delta_2^2(R\delta_0^4 - S^{-1})^{-1} \\[2mm] \sigma_2 = \delta_1^2(R\delta_0^4 - S^{-1})^{-1} \end{cases}$$

3.1.3　Mindlin 中厚环盘的柱坐标动力学方程与振动求解

1. Mindlin 中厚环盘分析模型与柱坐标动力学方程

中厚环盘的分析模型和柱坐标系(r,θ,z)如图 3-3 所示,中厚环盘内孔对称轴线与环盘 z 向对称中性平面的交点作为坐标系的原点。环盘厚度为 h,内孔半径为 b,外圆半径为 a。r、θ、z 分别为厚环盘的径向、周向、厚度方向坐标。

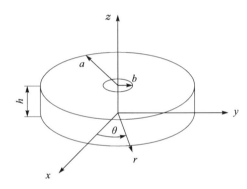

图 3-3　中厚环盘分析模型和(r,z,θ)柱坐标系

式(3-23)对应的柱坐标系的振型基本方程变换为[1]

$$\begin{cases} \dfrac{\partial^2 w_i}{\partial r^2} + \dfrac{1}{r}\dfrac{\partial w_i}{\partial r} + \dfrac{1}{r^2}\dfrac{\partial^2 w_i}{\partial \theta^2} + \delta_i^2 w_i = 0 \quad (i=1,2) \\[2mm] \dfrac{\partial^2 H}{\partial r^2} + \dfrac{1}{r}\dfrac{\partial H}{\partial r} + \dfrac{1}{r^2}\dfrac{\partial^2 H}{\partial \theta^2} + \delta_H^2 H = 0 \end{cases} \tag{3-24}$$

而对应式(3-22)的挠度与转角表达式转化为

$$\begin{cases} w = w_1 + w_2 \\[2mm] \beta_r = (\sigma_1 - 1)\dfrac{\partial w_1}{\partial r} + (\sigma_2 - 1)\dfrac{\partial w_2}{\partial r} + \dfrac{1}{r}\dfrac{\partial H}{\partial \theta} \\[2mm] \beta_\theta = \dfrac{\sigma_1 - 1}{r}\dfrac{\partial w_1}{\partial \theta} + \dfrac{\sigma_2 - 1}{r}\dfrac{\partial w_2}{\partial \theta} - \dfrac{\partial H}{\partial r} \end{cases} \tag{3-25}$$

对应内力公式(3-21)转化为

$$\left\{
\begin{aligned}
M_r &= D\Big[(\sigma_1-1)\Big(\frac{\partial^2 w_1}{\partial r^2}+\frac{\mu}{r}\frac{\partial w_1}{\partial r}+\frac{\mu}{r^2}\frac{\partial^2 w_1}{\partial \theta^2}\Big)\\
&\quad +(\sigma_2-1)\Big(\frac{\partial^2 w_2}{\partial r^2}+\frac{\mu}{r}\frac{\partial w_2}{\partial r}+\frac{\mu}{r^2}\frac{\partial^2 w_2}{\partial \theta^2}\Big)\\
&\quad +(1-\mu)\Big(\frac{1}{r}\frac{\partial^2 H}{\partial r\partial\theta}-\frac{1}{r^2}\frac{\partial H}{\partial\theta}\Big)\Big]\\
M_\theta &= D\Big[(\sigma_1-1)\Big(\mu\frac{\partial^2 w_1}{\partial r^2}+\frac{1}{r}\frac{\partial w_1}{\partial r}+\frac{1}{r^2}\frac{\partial^2 w_1}{\partial \theta^2}\Big)\\
&\quad +(\sigma_2-1)\Big(\mu\frac{\partial^2 w_2}{\partial r^2}+\frac{1}{r}\frac{\partial w_2}{\partial r}+\frac{1}{r^2}\frac{\partial^2 w_2}{\partial \theta^2}\Big)\\
&\quad +(1-\mu)\Big(\frac{1}{r}\frac{\partial^2 H}{\partial r\partial\theta}-\frac{1}{r^2}\frac{\partial H}{\partial\theta}\Big)\Big]\\
M_{r\theta} &= (1-\mu)D\Big[(\sigma_1-1)\Big(\frac{1}{r}\frac{\partial^2 w_1}{\partial r\partial\theta}-\frac{1}{r^2}\frac{\partial w_1}{\partial\theta}\Big)\\
&\quad +(\sigma_2-1)\Big(\frac{1}{r}\frac{\partial^2 w_2}{\partial r\partial\theta}-\frac{1}{r^2}\frac{\partial w_2}{\partial\theta}\Big)\\
&\quad -\frac{1}{2}\Big(\frac{\partial^2 H}{\partial r^2}-\frac{1}{r}\frac{\partial H}{\partial r}-\frac{1}{r^2}\frac{\partial^2 H}{\partial\theta^2}\Big)\Big]\\
Q_r &= \frac{Gh\pi^2}{12}\Big(\sigma_1\frac{\partial w_1}{\partial r}+\sigma_2\frac{\partial w_2}{\partial r}+\frac{1}{r}\frac{\partial H}{\partial\theta}\Big)\\
Q_\theta &= \frac{Gh\pi^2}{12}\Big(\frac{\sigma_1}{r}\frac{\partial w_1}{\partial\theta}+\frac{\sigma_2}{r}\frac{\partial w_2}{\partial\theta}-\frac{\partial H}{\partial r}\Big)
\end{aligned}\right. \tag{3-26}$$

2. Mindlin 中厚环盘的边界条件

内、外边界简支时，$r=b$、$r=a$：$w=M_r=M_{r\theta}=0$。
内、外边界固定时，$r=b$、$r=a$：$w=\beta_r=\beta_\theta=0$。
内边界简支、外边界固定时，$r=b$：$w=M_r=M_{r\theta}=0$；$r=a$：$w=\beta_r=\beta_\theta=0$。
内边界固定、外边界简支时，$r=b$：$w=\beta_r=\beta_\theta=0$；$r=a$：$w=M_r=M_{r\theta}=0$。

3. Mindlin 中厚环盘的振动求解与分析

根据方程（3-24）与上述边界条件可求得 w_1、w_2、H，并代入式（3-25）、式（3-26），即可求得 Mindlin 中厚环盘的 w、β_r、β_θ、M_r、M_θ、$M_{r\theta}$、Q_r、Q_θ 共 8 个物理分量。

设方程（3-24）的解为

$$\begin{cases} w_i(r,\theta) = w_i(r)w_i(\theta) \quad (i=1,2) \\ H(r,\theta) = H(r)H(\theta) \end{cases} \tag{3-27}$$

将式(3-27)代入式(3-24)可得关于 $w_i(r)$、$w_i(\theta)$、$H(r)$、$H(\theta)$ 的独立常微分方程组：

$$\begin{cases} \dfrac{\mathrm{d}^2 w_i(r)}{\mathrm{d}r^2} + \dfrac{1}{r}\dfrac{\mathrm{d}w_i(r)}{\mathrm{d}r} + \left(\delta_i^2 - \dfrac{m^2}{r^2}\right)w_i(r) = 0 \quad (i=1,2) \\ \dfrac{\mathrm{d}^2 H(r)}{\mathrm{d}r^2} + \dfrac{1}{r}\dfrac{\mathrm{d}H(r)}{\mathrm{d}r} + \left(\delta_H^2 - \dfrac{m^2}{r^2}\right)H(r) = 0 \end{cases} \tag{3-28}$$

$$\begin{cases} \dfrac{\mathrm{d}^2 w_i(\theta)}{\mathrm{d}\theta^2} + m^2 w_i(\theta) = 0 \quad (i=1,2) \\ \dfrac{\mathrm{d}^2 H(\theta)}{\mathrm{d}\theta^2} + m^2 H(\theta) = 0 \end{cases} \tag{3-29}$$

式中，m^2 为分离常数。由于式(3-28)是贝塞尔(Bessel)方程，式(3-29)是二阶常系数常微分方程，因此方程(3-24)的一般解可以写为[3]

$$\begin{cases} w_{1m}(r,\theta) = \left[A_1^{(m)}J_m(\delta_1 r) + B_1^{(m)}Y_m(\delta_1 r)\right]\cos(m\theta) \\ w_{2m}(r,\theta) = \left[A_2^{(m)}J_m(\delta_2 r) + B_2^{(m)}Y_m(\delta_2 r)\right]\cos(m\theta) \\ H_m(r,\theta) = \left[A_H^{(m)}J_m(\delta_H r) + B_H^{(m)}Y_m(\delta_H r)\right]\sin(m\theta) \end{cases} \tag{3-30}$$

式中，$A_1^{(m)}$、$A_2^{(m)}$、$B_1^{(m)}$、$B_2^{(m)}$、$A_H^{(m)}$、$B_H^{(m)}$ 是由边界条件确定的待定系数；J_m 是 m 阶第一类 Bessel 函数；Y_m 是 m 阶第二类 Bessel 函数。将式(3-30)代入式(3-25)、式(3-26)可得 Mindlin 中厚环盘的挠度、转角各振型分量分别为

$$\begin{cases} w_m(r,\theta) = \left\{ \displaystyle\sum_{i=1}^{2}\left[A_i^{(m)}J_m(\delta_i,r) + B_i^{(m)}Y_m(\delta_i,r)\right]\right\}\cos(m\theta) \\ \Psi_{rm}(r,\theta) = \left\{ \displaystyle\sum_{i=1}^{2}\left[A_i^{(m)}(\sigma_i-1)J_m'(\delta_i,r) + B_i^{(m)}(\sigma_i-1)Y_m'(\delta_i,r)\right] \right. \\ \qquad\qquad \left. + \dfrac{m}{r}\left[A_H^{(m)}J_m(\delta_H,r) + B_H^{(m)}Y_m(\delta_H,r)\right]\right\}\cos(m\theta) \\ \Psi_{\theta m}(r,\theta) = -\left\{ \displaystyle\sum_{i=1}^{2}\dfrac{m}{r}\left[A_i^{(m)}(\sigma_i-1)J_m(\delta_i,r) + B_i^{(m)}(\sigma_i-1)Y_m(\delta_i,r)\right] \right. \\ \qquad\qquad \left. + \left[A_H^{(m)}J_m'(\delta_H,r) + B_H^{(m)}Y_m'(\delta_H,r)\right]\right\}\sin(m\theta) \end{cases}$$

$$\tag{3-31}$$

截面弯矩、截面剪力各内力分量分别为

$$M_{rm}(r,\theta) = D\Bigg\{ \sum_{i=1}^{2} A_i^{(m)}(\sigma_i - 1)\Big[J_m''(\delta_i,r) + \frac{\mu}{r}J_m'(\delta_i,r) - \frac{\mu m^2}{r^2}J_m(\delta_i,r)\Big]$$

$$+ \sum_{i=1}^{2} B_i^{(m)}(\sigma_i - 1)\Big[Y_m''(\delta_i,r) + \frac{\mu}{r}Y_m'(\delta_i,r) - \frac{\mu m^2}{r^2}Y_m(\delta_i,r)\Big]$$

$$+ A_H^{(m)}(1-\mu)\Big[\frac{m}{r}J_m'(\delta_H,r) - \frac{m}{r^2}J_m(\delta_H,r)\Big]$$

$$+ B_H^{(m)}(1-\mu)\Big[\frac{m}{r}Y_m'(\delta_H,r) - \frac{m}{r^2}Y_m(\delta_H,r)\Big]\Bigg\}\cos(m\theta)$$

$$(3\text{-}32)$$

$$M_{r\theta m}(r,\theta) = (1-\mu)D\Bigg\{ \sum_{i=1}^{2} A_i^{(m)}(\sigma_i - 1)\Big[-\frac{m}{r}J_m'(\delta_i,r) + \frac{m}{r^2}J_m(\delta_i,r)\Big]$$

$$+ \sum_{i=1}^{2} B_i^{(m)}(\sigma_i - 1)\Big[-\frac{m}{r}Y_m'(\delta_i,r) + \frac{m}{r^2}Y_m(\delta_i,r)\Big]$$

$$+ A_H^{(m)}\Big[-\frac{1}{2}J_m''(\delta_H,r) + \frac{1}{2r}J_m'(\delta_H,r) - \frac{m^2}{2r^2}J_m(\delta_H,r)\Big]$$

$$+ B_H^{(m)}\Big[-\frac{1}{2}Y_m''(\delta_H,r) + \frac{1}{2r}Y_m'(\delta_H,r) - \frac{m^2}{2r^2}Y_m(\delta_H,r)\Big]\Bigg\}\sin(m\theta)$$

$$(3\text{-}33)$$

$$Q_{rm}(r,\theta) = \frac{Gh\pi^2}{12}\Bigg\{ \sum_{i=1}^{2}\big[A_i^{(m)}\sigma_i J_m'(\delta_i,r) + B_i^{(m)}\sigma_i Y_m'(\delta_i,r)\big]$$

$$+ A_H^{(m)}\frac{m}{r}J_m(\delta_H,r) + B_H^{(m)}\frac{m}{r}Y_m(\delta_H,r)\Bigg\}\cos(m\theta) \quad (3\text{-}34)$$

将式(3-31)～式(3-34)代入相应的边界条件可以求出待定常数 $A_1^{(m)}$、$A_2^{(m)}$、$B_1^{(m)}$、$B_2^{(m)}$、$A_H^{(m)}$、$B_H^{(m)}$ 所满足的齐次线性代数方程组。为求得非零解,充要条件是:其系数行列式为零,即得 Mindlin 中厚环盘的频率方程。

$$\begin{vmatrix} D_{11}^{(m)} & D_{12}^{(m)} & D_{13}^{(m)} & D_{14}^{(m)} & D_{15}^{(m)} & D_{16}^{(m)} \\ D_{21}^{(m)} & D_{22}^{(m)} & D_{23}^{(m)} & D_{24}^{(m)} & D_{25}^{(m)} & D_{26}^{(m)} \\ D_{31}^{(m)} & D_{32}^{(m)} & D_{33}^{(m)} & D_{34}^{(m)} & D_{35}^{(m)} & D_{36}^{(m)} \\ D_{41}^{(m)} & D_{42}^{(m)} & D_{43}^{(m)} & D_{44}^{(m)} & D_{45}^{(m)} & D_{46}^{(m)} \\ D_{51}^{(m)} & D_{52}^{(m)} & D_{53}^{(m)} & D_{54}^{(m)} & D_{55}^{(m)} & D_{56}^{(m)} \\ D_{61}^{(m)} & D_{62}^{(m)} & D_{63}^{(m)} & D_{64}^{(m)} & D_{65}^{(m)} & D_{66}^{(m)} \end{vmatrix} = 0 \quad (m=0,1,2,3,\cdots)$$

$$(3\text{-}35)$$

频率方程(3-35)中,$D_{ij}^{(m)}(i,j=1,2,3,4,5,6)$为不同边界条件下待定常数

前的系数表达式，$D_{ij}^{(m)}$ 中只含有圆频率 ω 一个未知数；m 是厚环盘的挠度振型节径数。对于一定的 m，由频率方程(3-35)可求得一系列频率值按照振动阶数区别的 ω 值，将 ω 代回各待定常数前的系数表达式 $D_{ij}^{(m)}$ 中，再由齐次线性代数方程组求出各待定常数 $A_1^{(m)}$、$A_2^{(m)}$、$B_1^{(m)}$、$B_2^{(m)}$、$A_H^{(m)}$、$B_H^{(m)}$，然后将其代入式(3-31)～式(3-34)中即可求得各振型、内力分量函数。

3.2　齿轮横向弯曲振动求解的统一模型

齿轮是典型的圆板类零件，模数为 4mm、齿数为 33、厚度为 20mm、中心孔直径为 30mm、材料为 45 钢的等厚度圆柱直齿轮，其自由振动状态下典型振型如图 3-4 所示，变量 m 代表节径数，n 代表节圆数。本书中的节圆区别于齿轮传动中的节圆，是指圆盘或齿轮横向弯曲振动时，圆盘或齿轮内横向位移为零的圆。其典型振动模态有节径型[图 3-4(a)]、节圆型[图 3-4(b)、(c)]、节径节圆混合型[图 3-4(d)]和径向振动型[图 3-4(e)][4]。振动分析和设计时，可以将其简化为与其分度圆直径等径的等厚度(或变厚度)的中厚圆盘。齿轮超声珩齿加工中主要利用齿轮的轴对称第 1、2 阶节圆型横向弯曲振动[节圆应位于轮体内如图 3-4(f)所示]和轴对称径向振动。研究齿轮的简化模型和动力学特性对齿轮超声珩齿加工谐振系统的设计和优化有重要意义。

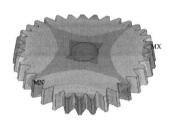
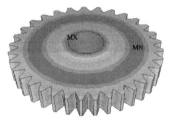

（a）节径型（$m=2, n=0$），4994Hz　　　（b）节圆型（$m=0, n=1$），8328Hz

（c）节圆型（$m=0, n=2$），33255Hz　　（d）节圆节径混合型（$m=3, n=6$），35736Hz

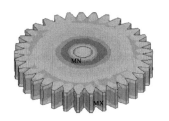

（e）径向振动型，22350Hz　　　　　　　　（f）齿轮节圆型振型

图 3-4　齿轮的典型振型

3.2.1　圆柱齿轮横向弯曲振动统一模型的求解理论

1. 圆柱齿轮的物理模型与横向弯曲振动理论分析模型

图 3-5 为机械、车辆、宇航工程中所用圆柱齿轮的物理模型和横向弯曲振动理论分析模型。理论分析建模时，忽略键槽、均匀分布减重孔、工艺圆角、倒角、铸造齿轮拔模斜度等因素对齿轮振动的影响，将齿轮简化为其分度圆直径的均匀圆环盘、阶梯变厚度圆环盘（多个圆环盘的组合）。带有轮毂、轮缘、辐板齿轮的振动理论分析模型可以看成图 3-6(a)、(b)、(c)所示三个圆环盘的组合体，图 3-6(a)、(b)所示圆环盘在直径为 d_2、高度为 t_2 的圆柱面上位移和力连续，图 3-6(b)、(c)所示圆环盘在直径为 d_3、高度为 t_2 的圆柱面上位移和力连续。当 $t_3 = t_2 < t_1$ 时，图 3-5(a)中带有轮毂、轮缘、辐板的齿轮模型退化为只有轮毂和辐板的齿轮模型，如图 3-5(b)所示；当 $t_3 = t_2 = t_1$ 时，图 3-5(a)中带有轮毂、轮缘、辐板的齿轮模型退化为如图 3-5(c)所示的齿轮模型。

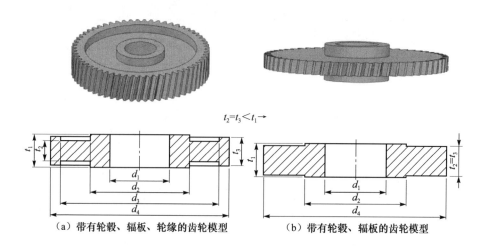

（a）带有轮毂、辐板、轮缘的齿轮模型　　　　（b）带有轮毂、辐板的齿轮模型

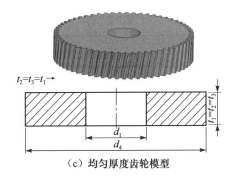

（c）均匀厚度齿轮模型

图 3-5　齿轮物理模型及与其对应的横向弯曲振动理论分析模型

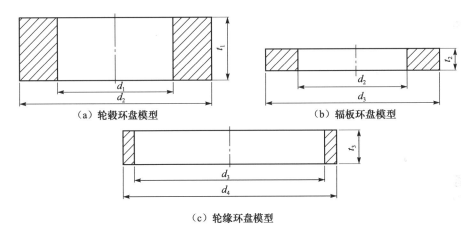

（a）轮毂环盘模型　　　　　　　　　　　（b）辐板环盘模型

（c）轮缘环盘模型

图 3-6　齿轮横向弯曲振动理论分析的简化环盘域

2. 圆柱齿轮横向弯曲振动的数学模型

在研究带有轮毂、辐板与轮缘齿轮的横向弯曲振动时,可以将其看成图 3-6 所示三个线弹性、均质中厚环盘的组合体。利用 Mindlin 理论,推导齿轮的横向弯曲振动频率方程。柱坐标系下第 i 个环盘单元的三维动力学公式为

$$\begin{cases} \dfrac{\partial M_r^i}{\partial r}+\dfrac{1}{r_i}\,\dfrac{\partial M_{r\theta}^i}{\partial \theta}+\dfrac{M_r^i-M_\theta^i}{r_i}-Q_r^i=\dfrac{\rho t_i^3}{12}\,\dfrac{\partial^2 \beta_r^i}{\partial t^2} \\[2mm] \dfrac{\partial M_{r\theta}^i}{\partial r}+\dfrac{1}{r_i}\,\dfrac{\partial M_\theta^i}{\partial \theta}+\dfrac{2M_{r\theta}^i}{r_i}-Q_\theta^i=\dfrac{\rho t_i^3}{12}\,\dfrac{\partial^2 \beta_\theta^i}{\partial t^2} \\[2mm] \dfrac{\partial Q_r^i}{\partial r}+\dfrac{1}{r_i}\,\dfrac{\partial Q_\theta^i}{\partial \theta}+\dfrac{Q_r^i}{r_i}=\rho t_i\,\dfrac{\partial^2 w_i}{\partial t^2} \end{cases} \qquad (3\text{-}36)$$

式中，$i=1,2,3$；$r_1=0.5d_2$、$r_2=0.5d_3$、$r_3=0.5d_4$；β_r^i 和 β_θ^i 分别表示第 i 个环盘中性面沿径向和周向的转角；ρ 是环盘单元材料密度；t_i 是第 i 个环盘单元的厚度。第 i 个环盘单元的剪力分量 Q_r^i、Q_θ^i 和弯矩分量 M_r^i、M_θ^i、$M_{r\theta}^i$ 分别可表示为

$$
\begin{cases}
Q_r^i = \dfrac{Gt_i}{k_\tau}\left(\beta_r^i + \dfrac{\partial w_i}{\partial r}\right) \\[2mm]
Q_\theta^i = \dfrac{Gt_i}{k_\tau}\left(\beta_\theta^i + \dfrac{1}{r_i}\dfrac{\partial w_i}{\partial \theta}\right) \\[2mm]
M_r^i = D_i\left[\dfrac{\partial \beta_r^i}{\partial r} + \dfrac{\mu}{r_i}\left(\beta_r^i + \dfrac{\partial \beta_\theta^i}{\partial \theta}\right)\right] \\[2mm]
M_\theta^i = D_i\left[\mu\dfrac{\partial \beta_r^i}{\partial r} + \dfrac{1}{r_i}\left(\beta_r^i + \dfrac{\partial \beta_\theta^i}{\partial \theta}\right)\right] \\[2mm]
M_{r\theta}^i = \dfrac{1-\mu}{2}D_i\left[\dfrac{1}{r_i}\left(\dfrac{\partial \beta_r^i}{\partial \theta} - \beta_\theta^i\right) + \dfrac{\partial \beta_\theta^i}{\partial r}\right]
\end{cases}
\tag{3-37}
$$

式中，E、G、μ 分别为杨氏弹性模量、剪切弹性模量和材料泊松比；$k_\tau = 12/\pi^2$ 是 Mindlin 理论中的剪切影响因子。在圆柱坐标系中，将式(3-37)代入式(3-36)并忽略时间因子 e^{ipt}，可求得环盘单元的振型方程(3-38)。第 i 个环盘的振型函数可以利用 w_i、β_r^i、β_θ^i 表示。

$$
\begin{cases}
w_i = w_1^i + w_2^i \\[2mm]
\beta_r^i = (\sigma_1^i - 1)\dfrac{\partial w_1^i}{\partial r} + (\sigma_2^i - 1)\dfrac{\partial w_2^i}{\partial r} + \dfrac{1}{r_i}\dfrac{\partial H_i}{\partial \theta} \\[2mm]
\beta_\theta^i = \dfrac{(\sigma_1^i - 1)}{r_i}\dfrac{\partial w_1^i}{\partial \theta} + \dfrac{(\sigma_2^i - 1)}{r_i}\dfrac{\partial w_2^i}{\partial \theta} - \dfrac{\partial H_i}{\partial r}
\end{cases}
\tag{3-38}
$$

式中，w_1^i、w_2^i、H_i 是第 i 个 Mindlin 中厚环盘单元的振型函数；

$$
\sigma_1^i = (\delta_2^i)^2[R_i(\delta_0^i)^4 - S_i^{-1}]^{-1}, \quad \sigma_2^i = (\delta_1^i)^2[R_i(\delta_0^i)^4 - S_i^{-1}]^{-1}
$$

其中

$$
(\delta_0^i)^4 = \frac{\rho t_i}{D_i}\omega^2, \quad R_i = \frac{t_i^2}{12}, \quad S_i = \frac{k_\tau D_i}{Gt_i}
$$

$$
(\delta_1^i)^2 = \frac{1}{2}(\delta_0^i)^4\left\{(R_i + S_i) + \left[(R_i - S_i)^2 + 4(\delta_0^i)^{-4}\right]^{\frac{1}{2}}\right\}
$$

$$
(\delta_2^i)^2 = \frac{1}{2}(\delta_0^i)^4\left\{(R_i + S_i) - \left[(R_i - S_i)^2 + 4(\delta_0^i)^{-4}\right]^{\frac{1}{2}}\right\}
$$

$$
(\delta_H^i)^2 = \frac{2[R_i(\delta_0^i)^4 - S_i^{-1}]}{1 - \mu}
$$

3. 振动理论求解公式推导与边界条件

第 i 个 Mindlin 中厚环盘单元自由振动时,振型函数 w_1^i、w_2^i、H_i 应满足:

$$\begin{cases} \left[\nabla + (\delta_j^i)^2\right]w_j^i = 0 \\ \left[\nabla + (\delta_H^i)^2\right]H_i = 0 \end{cases} \quad (i=1,2,3;j=1,2) \qquad (3\text{-}39)$$

柱坐标系下的 Laplace 微分算子为

$$\nabla(\cdot) = \frac{\partial^2(\cdot)}{\partial r^2} + \frac{1}{r}\frac{\partial(\cdot)}{\partial r} + \frac{1}{r^2}\frac{\partial^2(\cdot)}{\partial \theta^2}$$

对于第 i 个 Mindlin 中厚环盘单元,式(3-36)的解可写为

$$\begin{cases} w_1^i = \left[A_{1m}^i J_m(\delta_1^i r) + B_{1m}^i Y_m(\delta_1^i r)\right]\cos(m\theta) \\ w_2^i = \left[A_{2m}^i J_m(\delta_2^i r) + B_{2m}^i Y_m(\delta_2^i r)\right]\cos(m\theta) \\ H_i = \left[A_{3Hm}^i J_m(\delta_H^i r) + B_{3Hm}^i Y_m(\delta_H^i r)\right]\sin(m\theta) \end{cases} \qquad (3\text{-}40)$$

式中,$m(=1,2,\cdots,\infty)$ 是齿轮横向弯曲振动的节径数;A_{1m}^i、B_{1m}^i、A_{2m}^i、B_{2m}^i、A_{3Hm}^i、B_{3Hm}^i($i=1,2,3$)是由轮毂、辐板、轮缘 Mindlin 中厚环盘单元的各自边界条件以及由彼此相连接区域耦合振动位移连续、内力相等条件所确定的未知系数;$J_m(\cdot)$ 和 $Y_m(\cdot)$ 分别为 m 阶第一类和第二类 Bessel 函数。为了获得良好的加工质量,要求齿轮作节径数为零的轴对称横向振动,此时 $m=0$,因此式(3-38)中 $H_0^i(r,\theta)\equiv 0$。简化后的圆板挠度和转角的表达式为[5]

$$\begin{cases} w_i = w_1^i + w_2^i \\ \beta_r^i = (\sigma_1^i - 1)\dfrac{\partial w_1^i}{\partial r} + (\sigma_2^i - 1)\dfrac{\partial w_2^i}{\partial r} \\ \beta_\theta^i = \dfrac{(\sigma_1^i - 1)}{r_i}\dfrac{\partial w_1^i}{\partial \theta} + \dfrac{(\sigma_2^i - 1)}{r_i}\dfrac{\partial w_2^i}{\partial \theta} \end{cases} \qquad (3\text{-}41)$$

Mindlin 中厚环盘的边界条件可表示为

$$M_r^i = Q_r^i = 0, \quad 自由 \qquad (3\text{-}42)$$

$$M_r^i = w^i = 0, \quad 简支 \qquad (3\text{-}43)$$

$$\beta_r^i = w^i = 0, \quad 固支 \qquad (3\text{-}44)$$

带有轮毂、辐板与轮缘的齿轮在横向弯曲振动过程中,为了适应齿轮厚度变化并保持轮毂与辐板、辐板与轮缘间连接面的耦合振动连续,两环盘接触区域必须满足以下边界条件:

$$w^i = w^{i+1} \tag{3-45}$$

$$\beta_r^i = \beta_r^{i+1} \tag{3-46}$$

$$Q_r^i = Q_r^{i+1} \tag{3-47}$$

$$M_r^i = M_r^{i+1} \tag{3-48}$$

每个圆环盘单元的振动位移和内力函数都可由 A_j^i 和 B_j^i 来表示。利用式(3-40)、式(3-37)代入圆环单元的边界条件式(3-42)～(3-44),圆环单元间的耦合振动连续条件式(3-45)～(3-48)。经整理可得带有轮毂、辐板与轮缘的齿轮横向弯曲振动频率方程为[6]

$$[K]_{4i\times 4i}\{\zeta\}_{4i\times 1} = \{0\}_{4i\times 1} \tag{3-49}$$

式中,$i=1,2,3$ 分别对应等厚度圆柱齿轮,带轮毂、辐板圆柱齿轮,带轮毂、辐板与轮缘圆柱齿轮的振动频率方程;$[K]$ 是齿轮 $4i\times 4i$ 维零节径型振动的刚度矩阵;$\{\zeta\}$ 是振型特征向量。每个未知系数中都包含有振动圆频率 ω,未知系数不全为零的充要条件是 $|K|=0$。通过 $|K|=0$ 求解振动圆频率 ω,进而代入未知系数,确定 $[K]$,从而利用式(3-49)求出振型向量 $\{\zeta\}$。

4. 圆柱齿轮横向弯曲振动频率方程的数值求解

利用数值计算分析软件 MATLAB 2011Ra 开发了迭代数值计算程序来求频率方程(3-49)的特征值。首先设置频率 f 的初始值和迭代计算步长值,每计算一次迭代频率 f 相应计算 $[K]$ 的行列式值,一旦行列式值的正负号有变化,则使 $[K]$ 的行列式值与数值求解误差设定的值相比较,如果 $|K|\leqslant 1\times 10^{-16}$,此时 f 的取值就是频率方程的解。计算中齿轮材料为 45 钢,其性能参数如表 3-1 所示。图 3-7 是参数分别为 $d_1=45$mm、$d_2=72$mm、$d_3=108$mm、$d_4=180$mm、$t_1=45$mm、$t_2=9$mm、$t_3=18$mm 的齿轮第 1、2 阶节圆型横向弯曲振动频率的求解曲线。

表 3-1　齿轮常用材料的性能参数

材料	性能参数		
	弹性模量 E/GPa	密度 ρ/(kg/m³)	泊松比 μ
45 钢	210	7800	0.27
铝合金 7A04	70	2700	0.30
黄铜 HPb59-1	110	8500	0.33

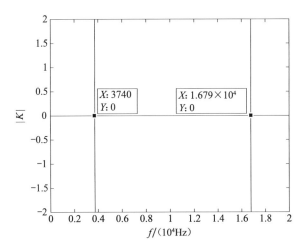

图 3-7　频率方程行列式的值与频率变化曲线

3.2.2　各结构参数对齿轮横向弯曲自由振动频率的影响分析

1. 带轮毂、辐板与轮缘的齿轮

$$r_1^* = d_1/d_4, \quad r_2^* = d_2/d_4, \quad r_3^* = d_3/d_4 \tag{3-50}$$

$$\delta = t_1/d_4, \quad \tau_1 = t_2/t_1, \quad \tau_2 = t_3/t_1 \tag{3-51}$$

式中，r_1^*、r_2^*、r_3^* 分别表示孔径、轮毂直径、辐板直径与齿轮分度圆直径的比值，r_1^*、r_2^*、r_3^* 应满足 $r_1^* \leqslant r_2^* \leqslant r_3^*$；$\tau_1$、$\tau_2$ 分别表示辐板厚度、轮缘厚度与轮毂厚度的比值，τ_1、τ_2 应满足 $\tau_1 \leqslant \tau_2$；δ 是轮毂厚度与分度圆直径的比值。

带有轮毂、辐板与轮缘的齿轮分度圆直径和轮毂厚度不变，通过增加轮缘、辐板的厚度和孔径，本节研究了齿轮的第 1、2 阶节圆型横向弯曲振动频率和模态；重点研究了孔径比 r_1^*、辐板厚度比 τ_1、轮缘厚径比 τ_2、辐板位置比 r_2^*、轮缘位置比 r_3^*、材料泊松比 μ 对齿轮第 1、2 阶节圆型横向弯曲振动频率的影响规律。为了清晰地观察这些变化规律，将计算结果整理成表 3-2、表 3-3，并绘制了变化曲线图 3-8、图 3-9。计算过程中齿轮的分度圆直径 $d_4 = 180\text{mm}$，轮毂厚度 $t_1 = 45\text{mm}$ 保持不变。$n = 1, 2$ 是零节径节圆型横向弯曲振动的阶次。图中，"——"线型表示第 1 阶频率曲线，"－－－"线型表示第 2 阶频率曲线。

表 3-2、表 3-3 分别列举了辐板厚度 $t_2 = 18\text{mm}$、$t_2 = 27\text{mm}$，带有轮毂、辐板与轮缘的齿轮第 1、2 阶节圆型横向弯曲振动频率。轮缘的厚度由 18mm 增

加到 45mm,增加的步长为 9mm。孔径、轮毂直径、辐板直径保持不变,分别为 $d_1=45$mm、$d_2=108$mm、$d_3=144$mm。计算了三种材料泊松比 $\mu=0.27$,0.30,0.33 对振动频率的影响。从表 3-2、表 3-3 可以看出,振动频率随着泊松比的增加、轮缘厚度的增加(剪切变形和旋转惯量的影响因素)而降低。另外,振动频率随着辐板厚度的增加而增大,尤其是辐板厚度的变化对振动频率的影响程度显著于其他影响因素。

表 3-2　带轮毂、轮缘与辐板圆柱齿轮轴对称节圆型横向
弯曲自由振动第 1、2 阶固有频率表(单位:Hz)

μ	t_3							
	18mm		27mm		36mm		45mm	
	$n=1$	$n=2$	$n=1$	$n=2$	$n=1$	$n=2$	$n=1$	$n=2$
0.27	8225	21475	7615	20605	7405	19285	7395	17805
0.30	8145	21145	7545	20305	7325	19015	7315	17555
0.33	5815	14995	5375	14415	5205	13505	5195	12465

注:$t_2=18$mm;$r_1^*=1/4$;$m=0$。

表 3-3　带轮毂、轮缘与辐板圆柱齿轮轴对称节圆型横向
弯曲自由振动第 1、2 阶固有频率表(单位:Hz)

μ	t_3							
	18mm		27mm		36mm		45mm	
	$n=1$	$n=2$	$n=1$	$n=2$	$n=1$	$n=2$	$n=1$	$n=2$
0.27	9315	26595	8675	26375	8325	25185	8165	23445
0.30	9215	26135	8585	25945	8235	24805	8065	23115
0.33	6565	18505	6125	18385	5865	17605	5735	16415

注:$t_2=27$mm;$r_1^*=1/4$;$m=0$。

图 3-8、图 3-9 分别表示了孔径比 $r_1^*=1/3,1/2$ 的带轮毂、辐板与轮缘的齿轮第 1、2 阶节圆型横向弯曲振动频率随轮缘厚度比 $\tau_2\in[0.4,1]$、辐板厚度比 $\tau_1\in[0.2,0.6]$、材料泊松比 $\mu\in[0.27,0.30]$ 的变化规律。可以看出,带轮毂、辐板与轮缘的圆柱齿轮第 1、2 阶横向弯曲振动频率变化规律如下:

(1) 第 1、2 阶横向弯曲振动频率随辐板厚度比 $\tau_1\in[0.2,0.6]$ 的增大而增大,随材料泊松比 $\mu\in[0.27,0.30]$ 的增大而降低。

(2) 图 3-8(c)和图 3-9(c)表明,在 $\tau_1=0.6$ 时,第 2 阶横向弯曲振动频率在

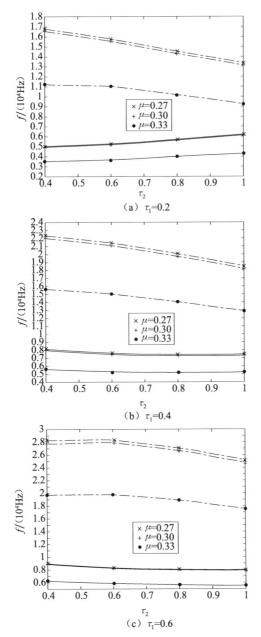

图 3-8　带轮毂、辐板与轮缘的齿轮第 1、2 阶节圆型横向弯曲振动频率
随轮缘厚度比 τ_2 的变化曲线

$r_1^* = 1/3; r_2^* = 0.6; r_3^* = 0.8; m = 0; n = 1, 2$

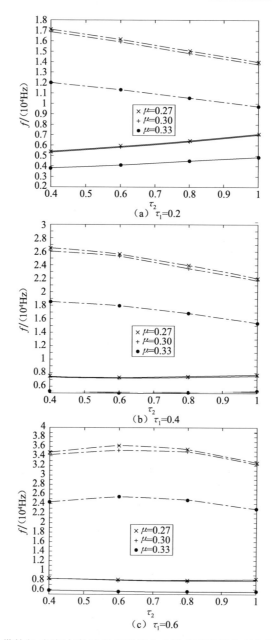

图 3-9　带轮毂、辐板与轮缘的齿轮第 1、2 阶节圆型横向弯曲振动频率
随轮缘厚度比 τ_2 的变化曲线

$r_1^* = 1/2; r_2 = 0.6; r_3^* = 0.8; m = 0; n = 1, 2$

$\tau_2 \in [0.4, 0.6]$内随着轮缘厚度比的增加而增加,在$\tau_2 \in [0.6, 1.0]$内随着轮缘厚度比的增加而降低;其他图形表明,$\tau_1 \in [0.2, 0.4]$时,振动频率随着轮缘厚度比的增加而降低。此外,振动频率也随孔径比$r_1^* \in [1/3, 1/2]$的增加而增加。

(3)轮缘厚度比τ_2、辐板厚度比τ_1对第2阶横向弯曲振动频率的影响幅度显著于第1阶。

2. 带轮毂、辐板的齿轮

图3-10为辐板位置比$r_2^* = 0.6$,孔径比r_1^*分别为1/4、1/3和1/2的带轮毂、辐板的齿轮第1、2阶节圆型横向弯曲振动频率,随辐板厚径比$\tau_1 \in [0.2, 0.5]$的变化规律。可以看出,带轮毂辐板圆柱齿轮的第1、2阶横向弯曲振动频率变化规律如下:

(1)$r_2^* = 0.6$时,齿轮分度圆直径、孔径一定时,带有轮毂、辐板的圆柱齿轮

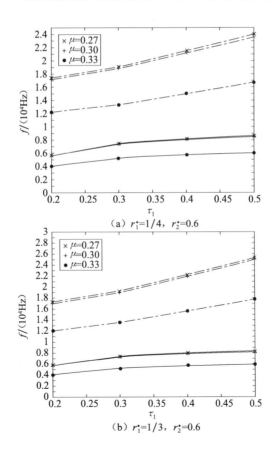

(a) $r_1^* = 1/4$, $r_2^* = 0.6$

(b) $r_1^* = 1/3$, $r_2^* = 0.6$

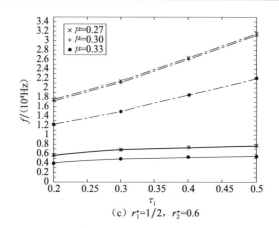

图 3-10　带轮毂、辐板的齿轮第 1、2 阶节圆型横向弯曲振动频率
随辐板厚度比 τ_1 的变化曲线

$m=0; n=1,2; d_4=180\text{mm}$

第 1、2 阶轴对称横向弯曲振动频率随辐板厚度与轮毂厚度之比 τ_1 的增大而单调增大；第 2 阶比第 1 阶变化幅度显著。

（2）随材料泊松比的增大而降低，对于泊松比 μ 在[0.27,0.30]内的降低不明显，尤其对于第 1 阶轴对称横向弯曲振动频率二者变化重叠为近似一条曲线。

3. 等厚度齿轮

图 3-11 表示了孔径比 r_1^* 分别为 1/4、1/3 和 1/2 的均匀厚度齿轮的第 1、

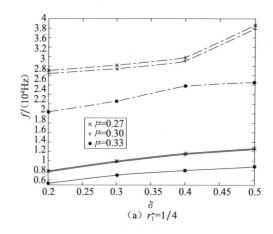

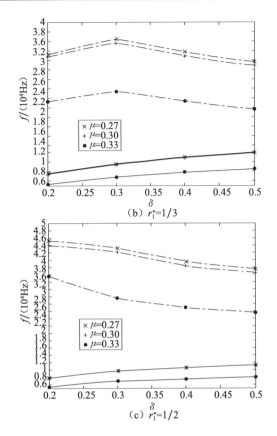

图 3-11　等厚度齿轮的第 1、2 阶节圆型横向弯曲振动频率
随厚径比的变化曲线

$m=0; n=1,2; d_4=180\text{mm}$

2 阶节圆型横向弯曲振动频率随厚径比 $\delta\in[0.2,0.5]$ 的变化规律。可以看出,圆柱齿轮第 1、2 阶横向弯曲振动频率变化规律如下:

(1) 等厚圆柱齿轮的第 1 阶横向弯曲振动频率随厚径比 δ 的增大而增大。

(2) 等厚圆柱齿轮的第 2 阶横向弯曲振动频率,当 $r_1^*=1/4$ 时随厚径比的增大而增大;当 $r_1^*=1/3$ 时,在 $\delta\in[0.2,0.3]$ 随厚径比的增大而增大,在 $\delta\in[0.3,0.5]$ 随厚径比的增大而降低;当 $r_1^*=1/2$ 时随厚径比的增大而降低。

(3) 齿轮分度圆直径、孔径一定时,等厚圆柱齿轮第 1、2 阶横向弯曲振动频率随材料泊松比 μ 的增大而降低。

3.2.3　有限元模态分析与实验模态验证

在三维设计软件 SolidWorks 2011 中,利用 GearTrax2011 建立图 3-12 所示的齿轮模型,并转化为 iges 格式,导入到 ANSYS 12.0,设定分析类型为模态,定义单元类型为 Solid Brick 20node95,45 钢材料特性参数为:弹性模量$E=210\mathrm{GPa}$,泊松比 $\mu=0.3$、密度 $\rho=7800\mathrm{kg/m^3}$,选用 4 级智能网格划分。选择 Block Lanczos 法进行模态分析,模态扩展设置搜索频率阶数为 30 阶,搜索频率范围为 $1\sim80\mathrm{kHz}$。通过有限元模态分析求出齿轮的第 1、2 阶节圆型横向弯曲振型频率,见表 3-4 的 f_{A} 一行,其中零件序号为 1、5、6 的齿轮第 1、2 阶节圆型横向弯曲振型频率及其对应的振动模态分别如图 3-13 (a)、(b)、(c)所示。表 3-4 中 f_{M}、f_{A}、f_{E} 分别表示 Mindlin 理论、ANSYS 有限元模态分析、锤击法实验模态测试所求解的第 1、2 阶齿轮节圆型横向弯曲振动频率;"＊"表示受实验系统条件所限,不能测试获得相应的二阶频率。

图 3-12　模态实验测试用的齿轮

$f=4598\mathrm{Hz}$　　　　　　　　　　$f=21057\mathrm{Hz}$

(a) 均匀厚度齿轮(序号1)的振动模态与频率

f=25629Hz　　　　　　　　　　f=69857Hz

（b）带有轮毂、辐板的齿轮（序号5）振动模态与频率

f=3949Hz　　　　　　　　　　f=14592Hz

（c）带有轮毂、辐板、轮缘的齿轮（序号6）振动模态与频率

图 3-13　有限元模态分析中齿轮第1、2阶节圆型横向弯曲振动频率与模态

表 3-4　齿轮的参数与其第 1、2 阶节圆型横向弯曲振动频率、求解偏差比照表

（$m=0$；$n=1,2$）

参数	圆柱齿轮类型						
	均匀厚度齿轮			带有轮毂、辐板的齿轮		带有轮毂、辐板、轮缘的齿轮	
序号	1	2	3	4	5	6	7
m_n/mm	3	3	3	3.5	4	2.25	2.25
z	71	33	29	24	23	72	100
β/(°)	15	12	12	0	0	0	0
t_1/mm	30	25	25	32	64	25	20
t_2/mm	30	25	25	13	23	10	12
t_3/mm	30	25	25	13	23	20	20
d_1/mm	63.5	26	26	32	35	38	38
d_2/mm	63.5	26	26	50	52	55	56
d_3/mm	63.5	26	26	50	52	130	192
d_4/mm	220.5	101.2	88.9	84	92	162	225
f_M/Hz	4635 20979	15712 55886	19174 65114	22464 55535	26463 73455	4165 15145	2185 8715
f_A/Hz	4598 21057	15414 55504	18584 67743	22005 57499	25629 69857	3949 14592	2130 8605
$\|f_A-f_M\|$ /f_M/%	0.8 0.37	1.9 0.68	3.08 4.04	2.04 3.54	3.15 4.9	5.19 3.65	2.52 1.26
f_E/Hz	4653 20086	15875 *	18895 *	23678 *	27812 *	4032 15475	2101 8685
$\|f_E-f_M\|$ /f_M/%	0.6 4.26	1.04 *	4.33 *	5.4 *	5.1 *	3.19 2.18	3.84 0.34

对图 3-12 所示的齿轮进行一点激励、三点响应的锤击法模态实验测试,获得了前 2 阶节圆型横向弯曲振动频率。模态实验测试系统见图 3-14。实验中使用了 CA-YD-125 型加速度传感器、YE5850B 型电荷放大器,用 502 胶把三个加速度传感器周向均粘在齿轮轮体表面,加速度传感器分别与电荷放大器相连,电荷放大器通过 RS232 接口与计算机相连,测试结果见表 3-4 的 f_E 一行。

图 3-14　齿轮模态实验测试系统

Mindlin 理论求解、ANSYS 有限元模态分析和锤击法实验模态测试中频率的求解范围选择为 1～70kHz。三种方法对图 3-12 所示齿轮的第 1、2 阶节圆型轴对称横向弯曲振动频率的求解与分析结果见表 3-4。ANSYS 有限元模态分析与 Mindlin 理论求解结果偏差由 $|f_A-f_M|/f_M\times100\%$ 所得;实验模态测试与 Mindlin 理论求解结果偏差由 $|f_E-f_M|/f_M\times100\%$ 所得。最大偏差为 5.40%,大部分偏差小于 5%,三种方法的求解结果具有很好的一致性,证明了提出的齿轮横向弯曲振动模型是准确的。

3.3　模数与螺旋角对齿轮轴对称横向弯曲振动频率的影响分析

齿轮振动分析模型考虑轮齿精确建模极其困难,工程应用中也没有必要。利用三维建模软件 SolidWorks 和 GearTrax2011 软件建立不同齿数、模数组合的分度圆直径为 240mm 的均匀厚度,带有轮毂或带有轮缘、轮毂的阶梯变厚度圆柱直齿轮精确模型;不同齿数、法向模数、不同螺旋角组合的均匀厚度,带有轮毂或带有轮缘、轮毂的阶梯变厚度圆柱斜齿轮精确模型;并转换为 iges 格式模型,再导入有限元分析软件 ANSYS 12.0,分析单元类型为 20 节点的

solid95,材料性能参数见表 3-1,选用 6 级智能网格划分。采用 Block Lanczos 模态分析方法,模态扩展设置搜索频率阶数为 30 阶,搜索频率范围为 1～50kHz。齿轮尺寸参数以及 Mindlin 理论、ANSYS 有限元模态分析方法求解齿轮第 1、2 阶轴对称横向弯曲振动频率和两种方法的求解结果偏差对照表分别见表 3-5～表 3-10。表 3-5～表 3-10 中,f_{M1}(Hz)、f_{M2}(Hz)分别为 Mindlin 理论求解齿轮的第 1、2 阶节圆型横向弯曲振动频率;f_{A1}(Hz)、f_{A2}(Hz)分别为 ANSYS 有限元模态分析方法求解齿轮的第 1、2 阶节圆型横向弯曲振动频率;D_{AM1}(%)、D_{AM2}(%)分别为 ANSYS 有限元模态分析方法与 Mindlin 理论所求第 1、2 阶节圆型横向弯曲振动频率结果偏差率,其中 $D_{AM1}=(f_{A1}-f_{M1})/f_{M1}\times100\%$,$D_{AM2}=(f_{A2}-f_{M2})/f_{M2}\times100\%$。

表 3-5　不同模数均匀厚度直齿圆柱齿轮的节圆型横向弯曲振动频率表

$(m=0;n=1,2)$

m_n /mm	z	β /(°)	t_1 /mm	d_1 /mm	d_4 /mm	材料	f_{M1} /Hz	f_{M2} /Hz	f_{A1} /Hz	f_{A2} /Hz	D_{AM1} /%	D_{AM2} /%
2	120	0	30	60	240	45 钢	3980	17300	3979	17468	−0.03	0.97
2.5	96	0	30	60	240	45 钢	3980	17300	3975	17462	−0.12	0.94
3	80	0	30	60	240	45 钢	3980	17300	3971	17452	−0.23	0.88
4	60	0	30	60	240	45 钢	3980	17300	3958	17393	−0.55	0.54
5	48	0	30	60	240	45 钢	3980	17300	3945	17323	−0.68	0.13
6	40	0	30	60	240	45 钢	3980	17300	3929	17221	−1.28	−0.45
8	30	0	30	60	240	45 钢	3980	17300	3882	16906	−2.46	−2.28
10	24	0	30	60	240	45 钢	3980	17300	3821	16439	−3.99	−4.97
12	20	0	30	60	240	45 钢	3980	17300	3747	15866	−5.85	−8.28

表 3-6　不同模数均匀厚度斜齿圆柱齿轮($\beta=8°$)的节圆型横向弯曲振动频率表

$(m=0;n=1,2)$

m_n /mm	z	β/(°)	t_1 /mm	d_1 /mm	d_4 /mm	材料	f_{M1} /Hz	f_{M2} /Hz	f_{A1} /Hz	f_{A2} /Hz	D_{AM1} /%	D_{AM2} /%
2	120	8	30	60	240.36	45 钢	3926	16980	3922	17125	−0.1	0.85
2.5	96	8	30	60	240.36	45 钢	3926	16980	3916	17108	−0.25	0.75
3	80	8	30	60	240.36	45 钢	3926	16980	3908	17077	−0.46	0.57
4	60	8	30	60	240.36	45 钢	3926	16980	3892	17013	−0.87	0.19
5	48	8	30	60	240.36	45 钢	3926	16980	3876	16928	−1.28	−0.31
6	40	8	30	60	240.36	45 钢	3926	16980	3855	16809	−1.8	−1.01
8	30	8	30	60	240.36	45 钢	3926	16980	3803	16475	−3.13	−2.97
10	24	8	30	60	240.36	45 钢	3926	16980	3738	16027	−4.79	−5.61
12	20	8	30	60	240.36	45 钢	3926	16980	3665	15462	−6.65	−8.94

表 3-7　不同模数带有轮毂、辐板的直齿圆柱齿轮的节圆型横向弯曲振动频率表

$(m=0;n=1,2)$

m_n /mm	z	t_1 /mm	t_2 /mm	d_1 /mm	d_2 /mm	d_4 /mm	f_{M1} /Hz	f_{M2} /Hz	f_{A1} /Hz	f_{A2} /Hz	D_{AM1} /%	D_{AM2} /%
2	120	48	30	60	90	240	4615	16925	4590.2	17287	−0.537	2.139
2.5	96	48	30	60	90	240	4615	16925	4603.1	17334	−0.258	2.417
3	80	48	30	60	90	240	4615	16925	4615.8	17381	0.017	2.694
4	60	48	30	60	90	240	4615	16925	4641.0	17469	0.563	3.214
5	48	48	30	60	90	240	4615	16925	4666.0	17553	1.104	3.711
6	40	48	30	60	90	240	4615	16925	4683.9	17611	1.493	4.053
8	30	48	30	60	90	240	4615	16925	4730.0	17745	2.491	4.845
10	24	48	30	60	90	240	4615	16925	4772.6	17821	3.414	5.294
12	20	48	30	60	90	240	4615	16925	4792.8	17837	3.852	5.389

表 3-8　不同模数带有轮毂、辐板的斜齿圆柱齿轮的节圆型横向弯曲振动频率表

$(m=0;n=1,2)$

m_n /mm	z	β /(°)	t_1 /mm	t_2 /mm	d_1 /mm	d_2 /mm	d_4 /mm	f_{M1} /Hz	f_{M2} /Hz	f_{A1} /Hz	f_{A2} /Hz	D_{AM1} /%	D_{AM2} /%
2	120	15	48	30	60	90	248.466	4305	15899	4218	16034	−2.02	0.85
2.5	96	15	48	30	60	90	248.466	4305	15899	4212	16018	−2.16	0.75
3	80	15	48	30	60	90	248.466	4305	15899	4206	15997	−2.30	0.62
4	60	15	48	30	60	90	248.466	4305	15899	4190	15940	−2.67	0.26
5	48	15	48	30	60	90	248.466	4305	15899	4175	15867	−3.02	−0.2
6	40	15	48	30	60	90	248.466	4305	15899	4156	15771	−3.46	−0.81
8	30	15	48	30	60	90	248.466	4305	15899	4107	15495	−4.60	−2.54
10	24	15	48	30	60	90	248.466	4305	15899	4045	15113	−6.04	−4.94
12	20	15	48	30	60	90	248.466	4305	15899	3967	14644	−7.85	−7.89

表 3-9　不同模数带有轮毂、辐板和轮缘的直齿圆柱齿轮的节圆型横向弯曲振动频率表

$(m=0;n=1,2)$

m_n /mm	z	t_1 /mm	t_2 /mm	t_3 /mm	d_1 /mm	d_2 /mm	d_3 /mm	d_4 /mm	f_{M1} /Hz	f_{M2} /Hz	f_{A1} /Hz	f_{A2} /Hz	D_{AM1} /%	D_{AM2} /%
2	120	48	30	48	60	90	210	240	4495	15465	4445.8	15415	−1.095	−0.323
2.5	96	48	30	48	60	90	210	240	4495	15465	4450	15457	−1.001	−0.052
3	80	48	30	48	60	90	210	240	4495	15465	4454.5	15501	−0.901	0.233
4	60	48	30	48	60	90	210	240	4495	15465	4460.0	15577	−0.779	0.724

续表

m_n/mm	z	t_1/mm	t_2/mm	t_3/mm	d_1/mm	d_2/mm	d_3/mm	d_4/mm	f_{M1}/Hz	f_{M2}/Hz	f_{A1}/Hz	f_{A2}/Hz	D_{AM1}/%	D_{AM2}/%
5	48	48	30	48	60	90	210	240	4495	15465	4464.8	15643	−0.672	1.151
6	40	48	30	48	60	90	210	240	4495	15465	4463.6	15708	−0.699	1.571
8	30	48	30	48	60	90	210	240	4495	15465	4455.6	15794	−0.877	2.127
10	24	48	30	48	60	90	210	240	4495	15465	4438.1	15819	−1.266	2.289
12	20	48	30	48	60	90	210	240	4495	15465	＊	＊	＊	＊

注:"＊"表示由于轮辐外缘太接近齿根而不能划分网格求出。

表 3-10　不同模数带有轮毂、辐板和轮缘的斜齿圆柱齿轮的节圆型横向弯曲振动频率表
($m=0;n=1,2$)

m_n/mm	z	β/(°)	t_1/mm	t_2/mm	t_3/mm	d_1/mm	d_2/mm	d_3/mm	d_4/mm	f_{M1}/Hz	f_{M2}/Hz	f_{A1}/Hz	f_{A2}/Hz	D_{AM1}/%	D_{AM2}/%
2	120	15	48	30	48	60	90	210	248.466	4235	14565	4130	14272	−2.48	−2.01
2.5	96	15	48	30	48	60	90	210	248.466	4235	14565	4115	14242	−2.83	−2.22
3	80	15	48	30	48	60	90	210	248.466	4235	14565	4100	14214	−3.19	−2.41
4	60	15	48	30	48	60	90	210	248.466	4235	14565	4067	14156	−3.97	−2.81
5	48	15	48	30	48	60	90	210	248.466	4235	14565	4032	14080	−4.79	−3.33
6	40	15	48	30	48	60	90	210	248.466	4235	14565	3991	13988	−5.76	−3.96
8	30	15	48	30	48	60	90	210	248.466	4235	14565	3883	13710	−8.31	−5.87
10	24	15	48	30	48	60	90	210	248.466	4235	14565	3783	13444	−10.67	−7.70
12	20	15	48	30	48	60	90	210	248.466	4235	14565	3654	13076	−13.72	−10.2

图 3-15 为利用 ANSYS 有限元模态分析方法研究斜齿轮螺旋角、法向模数对第 1、2 阶节圆型横向弯曲振动频率的求解偏差影响曲线图。表 3-5、表 3-6 中的求解结果与图 3-15 表明:

(1) 中小模数、均匀厚度的圆柱齿轮,在分度圆直径不变的条件下,随着模数的增大,齿轮的节圆型横向弯曲振动频率随模数的增大而单调减小。

(2) 偏差率 D_{AM1} 单调增大,最大偏差率为−6.7%($β=15°$、$m_n=12$mm 的圆柱斜齿轮);偏差率 D_{AM2} 先减少后增大,最大偏差率为−8.94%($β=8°$、$m_n=12$mm 的圆柱斜齿轮)。圆柱直齿轮以模数 5mm 为变化分界,圆柱斜齿轮以模数 4mm 为变化分界。

(3) 齿轮是圆盘状齿坯经滚齿等工艺在圆盘状齿坯径向切出齿形槽,减少了齿轮弯曲振动刚度;模数越大的齿轮,齿形槽越大,齿轮的弯曲刚度越小,横向弯曲振动频率也就越低。

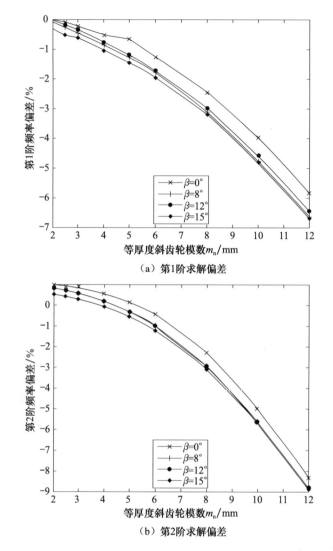

图 3-15　等厚度斜齿轮第 1、2 阶节圆型横向弯曲振动频率的 Mindlin
理论与 ANSYS 有限元模态分析方法求解偏差曲线
$(m=0;n=1,2)$

表 3-7、表 3-8 的求解结果表明：

（1）中小模数，带有轮毂、辐板的圆柱直齿轮，在分度圆直径不变的条件下，随着模数的增大，齿轮的节圆型横向弯曲振动频率随模数的增大而单调增大。偏差率 D_{AM1} 先减少后增大，最大偏差率为 3.852%（$m_n=12$mm），以模数

3mm 为变化分界；偏差率 D_{AM2} 单调增大，最大偏差率为 5.389%（m_n = 12mm）。

（2）中小模数，带有轮毂、辐板的圆柱斜齿轮，在分度圆直径不变的条件下，随着模数的增大，齿轮的节圆型横向弯曲振动频率随模数的增大而单调减少。偏差率 D_{AM1} 单调增大，最大偏差率为 −7.85%（$β$ = 15°、m_n = 12mm）；偏差率 D_{AM2} 先减少后增大，最大偏差率为 −7.89%（$β$ = 15°、m_n = 12mm），以模数 5mm 为变化分界。

表 3-9、表 3-10 的求解结果表明：

（1）中小模数，带有轮毂、辐板、轮缘的圆柱直齿轮，在分度圆直径不变的条件下，随着模数的增大，齿轮的节圆型横向弯曲振动频率单调增大。偏差率 D_{AM1}、D_{AM2} 均先减少后增大，第 1 阶最大偏差率为 −1.266%，以模数 5mm 为变化分界；第 2 阶最大偏差率为 2.289%（m_n = 10mm），以模数 2.5mm 为变化分界。

（2）中小模数，带有轮毂、辐板、轮缘的圆柱斜齿轮，在分度圆直径不变的条件下，随着模数的增大，齿轮的节圆型横向弯曲振动频率单调减少。偏差率 D_{AM1}、D_{AM2} 均单调增大，第 1 阶最大偏差率为 −13.72%，第 2 阶最大偏差率为 −10.22%（$β$ = 15°，m_n = 12mm）。

表 3-5～表 3-10 中的求解结果表明：工程应用中，将中小模数（2～8mm）的齿轮振动分析模型简化为直径与其分度圆直径相等的中厚圆盘，并采用 Mindlin 理论求解具有足够高的求解精度，可以满足中小模数齿轮的超声珩齿振动系统的设计需要。因此，Mindlin 理论是超声珩齿谐振系统设计的理论基础。

3.4　本章小结

齿轮的厚径比通常在中厚板范围内，本章利用 Mindlin 理论，通过轮毂、辐板、轮缘三个中厚环盘单元的振动连续条件和边界条件，结合其厚度尺寸关系建立了等圆柱齿轮，带有轮毂、辐板、轮缘的圆柱齿轮横向弯曲振动的统一模型。该模型理论求解、有限元模态分析及实验模态测试一致性很好，验证了理论模型的正确性，为齿轮横向弯曲振动系统的设计奠定了理论基础。

参 考 文 献

[1]　曹志远. 板壳振动理论. 北京：中国铁道出版社，1989.

[2] 曹志远,杨昇田. 厚板动力学及其应用. 北京:科学出版社,1983.

[3] Mindlin R D, Jiashi Y. An Introduction to the Mathematical Theory of Vibrations of Elastic Plates. Singapore:World Scientific Publishing Co. Pte. Ltd. ,2006.

[4] Maurice L, Adams J R. Rotating Machinery Vibration form Analysis to Troubleshooting. New York:Marcel Dekker Inc. ,2001.

[5] 佘银柱,吕明,王时英. 阶梯变厚度齿轮的横向弯曲振动. 机械科学与技术,2013, 32(1):116-119,125.

[6] Qin H B, Lv M, Wang S Y. Modeling and solving for transverse vibration of gear with variational thickness. Journal of Central South University,2013,20(8):2124-2133.

第4章 变幅杆与变厚度环盘振动特性的三维振动里兹法

目前建立的变幅杆振动分析模型大多基于一维理论,变幅杆截面的泊松效应被忽略。由于齿轮加工机床传动链的复杂性,超声振动大都加在工件齿轮上,变幅杆作为齿轮超声加工的夹持芯轴,在超声珩齿振动系统中已不再属于细长杆,因此一维理论的计算结果将带来较大误差。此外,工程应用中的齿轮还带有轮辐等径向变厚度的结构,将这样的齿轮简化为变厚度环盘,其弯曲振动理论求解十分困难。为此,本章基于能量变分原理,应用三维振动里兹法,研究圆锥、圆截面指数形和悬链线形变幅杆的扭转、纵向、弯曲振动的固有频率和振型求解方法;研究径向变厚度圆环盘的横向弯曲和径向振动固有频率和振型的求解方法。

4.1 里兹法的力学原理基础

由于描述力学变分原理的泛函常与力学系统的能量有关,力学中的变分原理又称能量原理,相应的各种变分法解法称为能量法[1]。最小势能原理和哈密顿原理是变幅杆、变厚度环盘振动特性的三维振动里兹法的理论基础。

4.1.1 力学变分原理

平衡状态下的小位移弹性体的虚位移原理可以写成

$$\iiint_V \sigma_{ij}\,\delta\varepsilon_{ij}\,\mathrm{d}V = \iiint_V \overline{F}_i\,\delta u_i\,\mathrm{d}V + \iint_S \overline{X}_i\,\delta u_i\,\mathrm{d}S \tag{4-1}$$

式中,$\mathrm{d}V = \mathrm{d}x\mathrm{d}y\mathrm{d}z$ 和 $\mathrm{d}S$ 分别表示弹性体内的体积元素和弹性体表面的面积元素;$\delta\varepsilon_{ij}$ 为虚应变;δu_i 为虚位移;$\overline{F}_i$ 为单位体积的体积力;$\overline{X}_i$ 为单位面积的面积力。由于虚位移是微小量,在弹性体产生虚位移过程中,外力的大小和方向均保持不变,只是作用点发生改变,因此有

$$\delta(U - W) = 0 \tag{4-2}$$

其中,$U = \iiint_V U_0(\varepsilon_{ij})\,\mathrm{d}V$,$U_0(\varepsilon_{ij}) = U_0(\varepsilon_x,\varepsilon_y,\varepsilon_z,\gamma_{xy},\gamma_{yz},\gamma_{zx})$ 为弹性体单位体

积的应变能密度。U 表示在已达到某个应变状态时整个弹性体内的应变能。

$$\delta U = \delta \iiint_V U_0 \, dV = \iiint_V \delta U_0 \, dV$$

$$= \iiint_V (\sigma_x \delta \varepsilon_x + \sigma_y \delta \varepsilon_y + \sigma_z \delta \varepsilon_z + \tau_{xy} \delta \gamma_{xy} + \tau_{yz} \delta \gamma_{yz} + \tau_{zx} \delta \gamma_{zx}) \, dV$$

$$= \iiint_V \sigma_{ij} \delta \varepsilon_{ij} \, dV \qquad (4\text{-}3)$$

式(4-3)称为应变能的变分或弹性体的虚应变能。

式(4-2)中，$W = \iiint_V \overline{F}_i u_i \, dV + \iint_S \overline{X}_i u_i \, dS$，是外力（包括体力和面力）在位移 u_i 上所做的功。若外力是有势场中的力，则

$$V = -W = -\iiint_V \overline{F}_i u_i \, dV - \iint_S \overline{X}_i u_i \, dS$$

其中，V 称为外力的势能。

$$\delta V = -\iiint_V \overline{F}_i \delta u_i \, dV - \iint_S \overline{X}_i \delta u_i \, dS$$

而

$$\Pi = U + V = \iiint_V U_0(\varepsilon_{ij}) \, dV - \iiint_V \overline{F}_i u_i \, dV - \iint_S \overline{X}_i u_i \, dS$$

是弹性体变形势能和外力势能之和，称为弹性体的总势能。于是式(4-2)可写成

$$\delta \Pi = 0 \qquad (4\text{-}4)$$

式(4-4)表明，弹性体在平衡位置时，其总势能有极值。研究结果表明，在稳定的平衡位置弹性体的势能具有极小值。所以，对于位移和变形都很小的弹性体，最小势能原理可以表达为：**弹性体在给定的外力作用下，在满足变形相容条件和位移边界条件的所有可能位移中，真实位移使弹性体总势能取得极小值。**

根据最小势能原理，可以把求位移微分方程的边值问题转化为求总势能泛函的变分问题。如果求出了弹性体的位移，就可以进而求得应力，以分析弹性体的强度。

4.1.2 哈密顿原理

质点系的哈密顿原理　任何有势力作用下的完整系统质点系，在给定始

点 T_1 和终点 T_2 的状态后,其真实运动与任何容许运动的区别是:真实运动使泛函

$$\chi = \int_{T_1}^{T_2} (T-V) \mathrm{d}t = \int_{T_1}^{T_2} L' \mathrm{d}t \tag{4-5}$$

达到极值,即

$$\delta \int_{T_1}^{T_2} (T-V) \mathrm{d}t = \delta \int_{T_1}^{T_2} L' \mathrm{d}t = 0 \tag{4-6}$$

式中,T 为质点的总动能;V 为力系的势能;t 是时间变量;$L'=T-V$ 是拉格朗日函数。若 T、V、L' 分别看成质点系在时刻 t 的动能密度(即单位体积的动能)、势能密度和拉格朗日密度函数,则哈密顿原理则可写成如下形式:

$$\delta \int_{T_1}^{T_2} \iiint_{\Gamma} (T-V) \mathrm{d}V \mathrm{d}t = \delta \int_{T_1}^{T_2} \iiint_{\Gamma} L' \mathrm{d}V \mathrm{d}t = 0 \tag{4-7}$$

式中,积分号下的 Γ 是质点系所占据的空间域。运用哈密顿原理可以推导出质点系真实运动所应满足的微分方程。

若采用 $q_1, q_2, \cdots, q_n$ 作为广义坐标并假设它们是相互独立无关的,那么,由欧拉-拉格朗日方程就导出了著名的拉格朗日运动方程组。用拉格朗日函数将此方程组表达如下:

$$\frac{\mathrm{d}}{\mathrm{d}t} \left(\frac{\partial L'}{\partial \dot{q}_i} \right) - \frac{\partial L'}{\partial q_i} = 0 \quad (i=1,2,3,\cdots,n) \tag{4-8}$$

式(4-8)称为保守系统的拉格朗日方程组[1]。满足拉格朗日方程组的运动必定是真实运动,也正是泛函式(4-5)取极值所必须满足的欧拉方程。

弹性连续系统的哈密顿原理

$$\chi = \delta \left\{ \int_{T_1}^{T_2} (T-V-U) \mathrm{d}t \right\} = 0 \tag{4-9}$$

式中,T 为物体的动能;$U+V=\Pi$ 为总势能。为此式(4-9)也可写成

$$\delta \int_{T_1}^{T_2} (T-\Pi) \mathrm{d}t = \delta \int_{T_1}^{T_2} L' \mathrm{d}t = 0 \tag{4-10}$$

式中,$L'=T-\Pi$ 为拉格朗日函数。哈密顿原理表明:当物体从时间 T_1 所在的位置运动到时间 T_2 所在的位置时,在所有可能经历的允许路径中,物体每一瞬时都能满足牛顿运动定理的路程是,使得拉格朗日函数对时间的积分取极值的路径(也就是物体所经历的真实轨迹)。

4.1.3　里兹法原理

线性、自伴随微分方程得到与它等效的变分方程后,可以建立近似解的标准过程——里兹法。具体步骤是:未知函数的近似解仍由一族带有待定参数的试探函数来近似表示,即

$$u \approx \tilde{u} = \sum_{i=1}^{n} N_i a_i = Na \tag{4-11}$$

式中,a 是待定参数;N 是取自完全系列的已知函数。将式(4-11)代入问题的泛函 χ,得到用试探函数和待定参数表示的泛函表达式。泛函的变分为零,相当于将泛函对其所包含的待定参数进行全微分,并令所得的方程等于零,即

$$\delta\chi = \frac{\partial\chi}{\partial a_1}\delta a_1 + \frac{\partial\chi}{\partial a_2}\delta a_2 + \cdots + \frac{\partial\chi}{\partial a_n}\delta a_n = 0 \tag{4-12}$$

由于 $\delta a_1, \delta a_2, \cdots, \delta a_n$ 是任意的,满足上式时必然有 $\dfrac{\partial\chi}{\partial a_1}, \dfrac{\partial\chi}{\partial a_2}, \cdots, \dfrac{\partial\chi}{\partial a_n}$ 都等于零。因此,可以得到一组方程为

$$\frac{\partial\chi}{\partial a} = \begin{bmatrix} \dfrac{\partial\chi}{\partial a_1} \\[2mm] \dfrac{\partial\chi}{\partial a_2} \\[1mm] \vdots \\[1mm] \dfrac{\partial\chi}{\partial a_n} \end{bmatrix} = 0 \tag{4-13}$$

式(4-13)是与待定参数 a 的个数相等的方程组,用以求解 a。这种求近似解的经典方法叫做里兹法。如果在泛函 χ 中 u 及其导数的最高次方为二次,则泛函 χ 为二次泛函。大量的工程和物理问题中的泛函都属于二次泛函。对于二次泛函,式(4-13)退化为一组线性方程:

$$\frac{\partial\chi}{\partial a} = Ka - P = 0 \tag{4-14}$$

式中,$K_{ij} = \dfrac{\partial^2\chi}{\partial a_i \partial a_j}$,$K_{ji} = \dfrac{\partial^2\chi}{\partial a_j \partial a_i}$,矩阵 K 是对称阵,即 $K_{ij} = K_{ji}^{\mathrm{T}}$。

里兹法实质是从一族假定解中寻求满足泛函变分的“最好的”解。显然,近似解的精度与试探函数的选择有关。如果知道所求解的一般性质,那么可

以通过选择反映此性质的试探函数来改进近似解,提高近似解的精度。若精确解恰巧包含在试探函数族中,则里兹法将得到精确解。采用里兹法求解,当试探函数族的范围扩大以及待定参数的数目增多时,近似解的精度将会得到提高。

近似解 $\tilde{u}$ 收敛于微分方程精确解的条件如下:

(1) 试探函数 $N_1,N_2,\cdots,N_n$ 应取自完备函数系列。满足此要求的试探函数称为是完备的。

(2) 试探函数 $N_1,N_2,\cdots,N_n$ 应满足 C_{m-1} 连续性要求,即泛函中函数 u 的最高微分阶数是 m 时,试探函数的 $0\sim m-1$ 阶导数应是连续的,以保证泛函中的积分存在。满足此要求的试探函数称为是协调的。

若试探函数满足上述完备性和连续性要求,则当 $\lim\limits_{n\to\infty}\tilde{u}=u$ 时,$\chi(\tilde{u})$ 单调地收敛于 $\chi(u)$,即泛函具有极值性[2]。

里兹法能求解系统的前几阶固有频率。里兹法是通过系统能量表达式,运用拉格朗日方程来建立系统数学模型。将一般系统的固有振型表达成特殊系统固有振型的有限项级数形式,从而使连续系统转变为有限自由度系统。由于固有振型的完备性,采用固有振型作为基函数,当固有振型的数目无限增多时,一定能收敛到精确解。

因此,由于三维振动里兹法以力学能量变分原理为基础,其收敛性有严格的理论基础。在位移函数事先满足强制边界条件(此条件通常不难实现)情况下,解通常具有明确的上、下界等性质。长期以来,它在物理和力学的微分方程近似解法中占有很重要的位置,在工程实际中得到了广泛的应用。

4.2　变幅杆振动特性的三维振动里兹法求解

4.2.1　变幅杆振动特性的三维振动里兹法求解原理

1. 变幅杆振动分析模型与动力学公式

带有圆形变截面的变幅杆,左端 $z=0$ 处截面半径为 R_1,右端 $z=L$ 处截面半径为 R_2,L 为变幅杆的长度,θ 为周向角度,圆柱面坐标系如图 4-1 所示。

变幅杆各坐标取值范围如下:

$$0\leqslant r\leqslant R(z),\quad 0\leqslant\theta\leqslant2\pi,\quad 0\leqslant z\leqslant L \qquad(4\text{-}15)$$

图 4-1 所示柱面坐标系 (r,θ,z) 中,变幅杆在振动时,有沿坐标轴的 3 个位

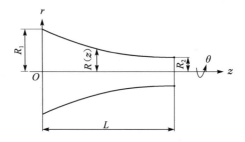

图 4-1　圆截面变幅杆柱面坐标系 (r,θ,z)

移分量 u_r、u_θ、u_z，6 个应变分量 ε_r、ε_θ、ε_z、$\gamma_{r\theta}$、$\gamma_{\theta z}$、γ_{zr}；6 个应力分量 σ_r、σ_θ、σ_z、$\tau_{r\theta}$、$\tau_{\theta z}$、τ_{rz}。这 15 个未知数将满足由三维动力学运动方程(4-16)、物理方程(4-17)、几何方程(4-18)组成的 15 个方程[3]。其中三维动力学运动方程为

$$\begin{cases} \dfrac{\partial \sigma_r}{\partial r}+\dfrac{\partial \tau_{zr}}{\partial z}+\dfrac{1}{r}\left(\sigma_r-\sigma_\theta+\dfrac{\partial \tau_{\theta r}}{\partial \theta}\right)=\rho\,\dfrac{\partial^2 u_r}{\partial t^2} \\[3mm] \dfrac{\partial \tau_{r\theta}}{\partial r}+\dfrac{\partial \tau_{z\theta}}{\partial z}+\dfrac{1}{r}\left(2\tau_{r\theta}+\dfrac{\partial \sigma_\theta}{\partial \theta}\right)=\rho\,\dfrac{\partial^2 u_\theta}{\partial t^2} \\[3mm] \dfrac{\partial \tau_{rz}}{\partial r}+\dfrac{\partial \sigma_z}{\partial z}+\dfrac{1}{r}\left(\tau_{rz}+\dfrac{\partial \tau_{\theta z}}{\partial \theta}\right)=\rho\,\dfrac{\partial^2 u_z}{\partial t^2} \end{cases} \tag{4-16}$$

对于各向同性线弹性材料，应力、应变满足物理方程：

$$\begin{cases} \sigma_r=\dfrac{E}{1+\mu}\left(\varepsilon_r+\dfrac{\mu}{1-2\mu}e\right),\quad \tau_{r\theta}=G\gamma_{r\theta} \\[3mm] \sigma_\theta=\dfrac{E}{1+\mu}\left(\varepsilon_\theta+\dfrac{\mu}{1-2\mu}e\right),\quad \tau_{\theta z}=G\gamma_{\theta z} \\[3mm] \sigma_z=\dfrac{E}{1+\mu}\left(\varepsilon_z+\dfrac{\mu}{1-2\mu}e\right),\quad \tau_{zr}=G\gamma_{zr} \end{cases} \tag{4-17}$$

式中，$e=\varepsilon_r+\varepsilon_\theta+\varepsilon_z$ 为体积应变；μ 为泊松比；G 为剪切弹性模量，G 与 μ 二者存在关系，为 $G=E/[2(1+\mu)]$。

位移分量和应变分量满足以下几何方程：

$$\begin{cases} \varepsilon_r=\dfrac{\partial u_r}{\partial r},\quad \varepsilon_\theta=\dfrac{1}{r}\left(u_r+\dfrac{\partial u_\theta}{\partial \theta}\right),\quad \varepsilon_z=\dfrac{\partial u_z}{\partial z} \\[3mm] \gamma_{r\theta}=\dfrac{1}{r}\left(\dfrac{\partial u_r}{\partial \theta}-u_\theta\right)+\dfrac{\partial u_\theta}{\partial r},\quad \gamma_{\theta z}=\dfrac{\partial u_\theta}{\partial z}+\dfrac{1}{r}\,\dfrac{\partial u_z}{\partial \theta} \\[3mm] \gamma_{zr}=\dfrac{\partial u_z}{\partial r}+\dfrac{\partial u_r}{\partial z} \end{cases} \tag{4-18}$$

将式(4-17)、式(4-18)代入式(4-16),可求得关于未知变量 u_r、u_θ、u_z 的二阶变系数偏微分方程,一般情况下理论求解十分困难,可以采用能量变分数值法求解[4]。

式(4-18)当 $r=0$ 时,$1/r$ 会出现奇异值,将式中 r 的取值范围由 $0 \leqslant r \leqslant R(z)$ 调整为 $0 < r \leqslant R(z)$。

振动变形体,因受力发生形变,内部产生应变和应力,此时体内具有弹性形变势能。其整个区域内应变势能 V 如下:

$$V = \frac{1}{2} \iiint_{\Omega} (\sigma_r \varepsilon_r + \sigma_\theta \varepsilon_\theta + \sigma_z \varepsilon_z + \tau_{r\theta} \gamma_{r\theta} + \tau_{\theta z} \gamma_{\theta z} + \tau_{zr} \gamma_{zr}) r \, \mathrm{d}r \, \mathrm{d}\theta \, \mathrm{d}z$$

$$(4-19)$$

将式(4-17),式(4-18)代入式(4-19)可求得用应变表示的应变能。

$$V = \frac{G}{2} \iiint_{\Omega} \left[\frac{2\mu}{1-2\mu} (\varepsilon_r + \varepsilon_\theta + \varepsilon_z)^2 + 2(\varepsilon_r^2 + \varepsilon_\theta^2 + \varepsilon_z^2) + (\gamma_{r\theta}^2 + \gamma_{\theta z}^2 + \gamma_{zr}^2) \right] r \, \mathrm{d}r \, \mathrm{d}\theta \, \mathrm{d}z$$

$$(4-20)$$

动能表达式如下:

$$T = \frac{1}{2} \iiint_{\Omega} \rho \left[\left(\frac{\partial u_r}{\partial t} \right)^2 + \left(\frac{\partial u_\theta}{\partial t} \right)^2 + \left(\frac{\partial u_z}{\partial t} \right)^2 \right] r \mathrm{d}r \mathrm{d}\theta \mathrm{d}z \qquad (4-21)$$

为了简化公式推导与设计计算,将 r、z 坐标转化为无量纲坐标,令 $\psi = r/(R_1 + R_2)$、$\zeta = z/L$,圆柱面坐标值范围如下:

$$0 < \psi \leqslant \delta(\psi), \quad 0 \leqslant \theta \leqslant 2\pi, \quad 0 \leqslant \zeta \leqslant 1 \qquad (4-22)$$

圆锥形变幅杆、指数形变幅杆、悬链线形变幅杆 $\delta(\xi)$ 分别为

$$\begin{cases} \delta_1(\zeta) = \dfrac{1}{1+N} [(1-N)\zeta + N] \\[2mm] \delta_2(\zeta) = \dfrac{N}{1+N} e^{-\zeta \ln N} \\[2mm] \delta_3(\zeta) = \dfrac{1}{1+N} \mathrm{ch}[\mathrm{arcch}(N)(1-\zeta)] \end{cases} \qquad (4-23)$$

式中,$N = R_1/R_2$ 为面积系数,对应的变幅杆配置模型如图 4-2 所示。

2. 振幅

不计阻尼的非均匀圆截面变幅杆自由振动,其弯曲、扭转、纵向振动的振幅分别可表示如下[4]:

　　（a）圆锥形变幅杆　　　　　　（b）指数形变幅杆　　　　　　（c）悬链线形变幅杆

图 4-2　变幅杆配置模型

弯曲振动的振幅：

$$
\begin{cases}
u_r(\psi,\theta,\zeta,t) = U_r(\psi,\zeta)\cos(n\theta)\sin(\omega t + \phi) \\
u_\theta(\psi,\theta,\zeta,t) = U_\theta(\psi,\zeta)\sin(n\theta)\sin(\omega t + \phi) \\
u_z(\psi,\theta,\zeta,t) = U_z(\psi,\zeta)\cos(n\theta)\sin(\omega t + \phi)
\end{cases}
\tag{4-24}
$$

扭转振动的振幅：

$$
\begin{cases}
u_r(\psi,\theta,\zeta,t) = u_z(\psi,\theta,\zeta,t) = 0 \\
u_\theta(\psi,\theta,\zeta,t) = U_\theta(\psi,\zeta)\cos(n\theta)\sin(\omega t + \phi)
\end{cases}
\tag{4-25}
$$

纵向振动的振幅：

$$
\begin{cases}
u_r(\psi,\theta,\zeta,t) = U_r(\psi,\zeta)\cos(n\theta)\sin(\omega t + \phi) \\
u_\theta(\psi,\theta,\zeta,t) = 0 \\
u_z(\psi,\theta,\zeta,t) = U_z(\psi,\zeta)\cos(n\theta)\sin(\omega t + \phi)
\end{cases}
\tag{4-26}
$$

　　式（4-24）～式（4-26）中，U_r，U_θ 和 U_z 为 ψ 和 ζ 的位移函数，ω 为圆频率，ϕ 为由初始条件所确定的角位移；n 为圆波数；θ 为周期。式（4-24）中，$n=(1,$ $2,3,\cdots,\infty)$；式（4-25）、式（4-26）中，$n=0$。

　　3. 应变势能

　　分别将式（4-24）～式（4-26）代入式（4-18）后，再代入式（4-20），可以得到变幅杆纵向、弯曲振动的一个振动周期内的最大应变势能：

$$
\begin{aligned}
V_{\max} = \frac{LG}{2}\int_0^1\int_0^{\delta(\zeta)} & \left\{ \left[\frac{2\mu}{1-2\mu}(k_1 + k_2 + k_3)^2 + 2(k_1^2 + k_2^2 + k_3^2) + k_4^2 \right]C_1 \right. \\
& \left. + (k_5^2 + k_6^2)C_2 \right\}\psi\,\mathrm{d}\psi\,\mathrm{d}\zeta, \quad n \geqslant 0
\end{aligned}
\tag{4-27}
$$

其中，$n=0$ 时为纵向振动最大应变势能公式；$n \geqslant 1$ 时为弯曲振动最大应变势能公式。式(4-27)中

$$k_1 = \frac{\partial U_r}{\partial \psi}, \quad k_2 = \frac{U_r + n U_\theta}{\psi}, \quad k_3 = \frac{(R_1 + R_2)}{L} \frac{\partial U_z}{\partial \zeta}$$

$$k_4 = \frac{(R_1 + R_2)}{L} \frac{\partial U_r}{\partial \zeta} + \frac{\partial U_z}{\partial \psi}, \quad k_5 = \frac{(R_1 + R_2)}{L} \frac{\partial U_\theta}{\partial \zeta} - \frac{n U_z}{\psi},$$

$$k_6 = \frac{(n U_r + U_\theta)}{\psi} - \frac{\partial U_\theta}{\partial \psi}, \quad n \geqslant 0$$

扭转振动的一个振动周期内的最大应变势能：

$$V_{\max} = \frac{LG}{2} \int_0^1 \int_0^{\delta(\zeta)} (k_1^2 + k_2^2) C_1 \psi \mathrm{d}\psi \mathrm{d}\zeta, \quad n = 0 \qquad (4\text{-}28)$$

式中

$$k_1 = \frac{(R_1 + R_2)}{L} \frac{\partial U_\theta}{\partial \zeta}, \quad k_2 = \frac{\partial U_\theta}{\partial \psi} - \frac{U_\theta}{\psi}$$

4. 动能

分别将式(4-24)～式(4-26)代入式(4-18)后，再代入式(4-21)，可以得到变幅杆弯曲、纵向振动的一个振动周期内的最大动能：

$$T_{\max} = \frac{\rho L (R_1 + R_2)^2 \omega^2}{2} \int_0^1 \int_0^{\delta(\zeta)} \big[(U_r^2 + U_z^2) C_1 + U_\theta^2 C_2 \big] \psi \mathrm{d}\psi \mathrm{d}\zeta, \quad n \geqslant 0$$

$$(4\text{-}29)$$

其中，$n=0$ 时为纵向振动最大动能公式；$n \geqslant 1$ 时为弯曲振动最大动能公式。

扭转振动的一个振动周期内的最大动能：

$$T_{\max} = \frac{\rho L (R_1 + R_2)^2 \omega^2}{2} \int_0^1 \int_0^{\delta(\zeta)} U_\theta^2 C_1 \psi \mathrm{d}\psi \mathrm{d}\zeta, \quad n = 0 \qquad (4\text{-}30)$$

式(4-27)～式(4-30)中 C_1 和 C_2 是常数，由下式确定：

$$C_1 = \int_0^{2\pi} \cos^2(n\theta) \,\mathrm{d}\theta = \begin{cases} 2\pi & (n=0) \\ \pi & (n \geqslant 1) \end{cases}, \quad C_2 = \int_0^{2\pi} \sin^2(n\theta) \,\mathrm{d}\theta = \begin{cases} 0 & (n=0) \\ \pi & (n \geqslant 1) \end{cases}$$

5. 振型函数

假设式(4-24)～式(4-26)中 U_r、U_θ、U_z 的振型函数表达式为

$$\begin{cases} U_r(\psi,\zeta) = \lambda_r(\psi,\zeta) \sum_{i=0}^{I} \sum_{j=0}^{J} A_{ij}\psi^i\zeta^j \\[2mm] U_\theta(\psi,\zeta) = \lambda_\theta(\psi,\zeta) \sum_{k=0}^{K} \sum_{l=0}^{L} B_{kl}\psi^k\zeta^l \\[2mm] U_z(\psi,\zeta) = \lambda_z(\psi,\zeta) \sum_{m=0}^{M} \sum_{n=0}^{N} C_{mn}\psi^m\zeta^n \end{cases} \tag{4-31}$$

式中，i、j、k、l、m、n 取正整数；I、J、K、L、M、N 为计算所需级数的最大值；A_{ij}、B_{kl}、C_{mn} 为级数相应系数；λ_r、λ_θ、λ_z 为影响因数，其值由变幅杆的边界条件确定：

（1）两端自由振动时，$\lambda_r = \lambda_\theta = \lambda_z = 1$；

（2）左端固定、其余边界自由时，$\lambda_r = \lambda_\theta = \lambda_z = \zeta$；

（3）右端固定、其余边界自由时，$\lambda_r = \lambda_\theta = \lambda_z = \zeta - 1$；

（4）两端都固定时，$\lambda_r = \lambda_\theta = \lambda_z = \zeta(\zeta - 1)$。

随着级数项数的增加，级数函数包含了变幅杆所有的三维振动形态。式（4-31）将会收敛于理论解。

6. 特征值方程的求解

应用哈密顿原理得

$$\begin{cases} \dfrac{\partial}{\partial A_{ij}}(V_{\max} - T_{\max}) = 0 \quad (i = 0,1,2,\cdots,I; j = 0,1,2,\cdots,J) \\[3mm] \dfrac{\partial}{\partial B_{kl}}(V_{\max} - T_{\max}) = 0 \quad (k = 0,1,2,\cdots,K; l = 0,1,2,\cdots,L) \\[3mm] \dfrac{\partial}{\partial C_{mn}}(V_{\max} - T_{\max}) = 0 \quad (m = 0,1,2,\cdots,M; n = 0,1,2,\cdots,N) \end{cases}$$

$$\tag{4-32}$$

式（4-32）产生了 $(I+1)(J+1) + (K+1)(L+1) + (M+1)(N+1)$ 个，以 A_{ij}、B_{kl}、C_{mn} 为未知系数的频率方程式：

$$(K - \Omega M)X = 0 \tag{4-33}$$

若变幅杆的工作频率已知，则可由此方程求得变幅杆的设计参数；若变幅杆的尺寸参数已知，则可求得其振动频率。式（4-33）中，K、M 分别为弹性刚度矩阵和质量刚度矩阵，Ω 为特征值。振型系数向量 X 由式（4-34）确定，要取得非零解，系数矩阵行列式值应为零，由此可求得变幅杆的固有频率 ω。把

ω 代入式(4-33)，求出系数 A_{ij}、B_{kl} 和 C_{mn}，进而可以求得每一频率对应的振型、变幅杆的位移节点、放大系数、形状因数等性能参数[5]。

$$X = (A_{00}, A_{01}, \cdots, A_{IJ}; B_{00}, B_{01}, \cdots, B_{KL}; C_{00}, C_{01}, \cdots, C_{MN})^{\mathrm{T}} \quad (4-34)$$

4.2.2　变幅杆固有圆频率的计算分析

利用 MATLAB 2011Ra 编程，三维振动里兹法所求得不同长径比、不同面积系数的圆锥形、圆截面指数形和悬链线形变幅杆的扭转、纵向、弯曲自由振动第 1 阶非零无量纲固有圆频率(以 $\omega L \rho^{1/2} G^{-1/2}$ 表示)，如表 4-1～表 4-3 所示。其中，泊松比 $\mu = 0.3$；δ_l 为变幅杆长径比，$\delta_l = L/(R_1 + R_2)$；N 为面积系数，$N = R_1/R_2$；$I = J = K = L = M = N = 4$。计算机硬件配置：内存为 2×1024MB，处理器为 Intel(R)Core(TM)i3-2330M。0^{T} 表示 $n=0$ 的变幅杆扭转振动，0^{L} 表示 $n=0$ 的变幅杆纵向振动，1^{B} 表示 $n=1$ 的变幅杆弯曲振动。

表 4-1　圆锥形变幅杆自由振动第 1 阶固有频率表

振动类型	(δ_l, N)				
n	(1,2)	(2,3)	(3,4)	(3,5)	(3,6)
0^{T}	3.433	3.962	4.151	4.567	4.837
0^{L}	4.287	5.552	5.922	6.046	6.151
1^{B}	3.069	3.133	2.573	2.638	2.697

表 4-2　圆截面指数形变幅杆自由振动第 1 阶固有频率表

振动类型	(δ_l, N)				
n	(1,2)	(2,3)	(3,4)	(3,5)	(3,6)
0^{T}	3.327	3.795	4.190	4.484	4.736
0^{L}	4.266	5.391	5.676	5.776	5.874
1^{B}	3.068	2.708	1.986	1.866	1.768

表 4-3　悬链线形变幅杆自由振动第 1 阶固有频率表

振动类型	(δ_l, N)				
n	(1,2)	(2,3)	(3,4)	(3,5)	(3,6)
0^{T}	3.122	3.326	3.792	4.111	4.361
0^{L}	4.159	5.057	5.218	5.432	5.550
1^{B}	2.986	2.154	1.461	1.327	1.203

表 4-4 为面积系数 $N=4$，长径比 δ_l 分别取 2、3、4、5 的圆锥形、指数形、

悬链线形变幅杆的纵向振动第1阶非零无量纲圆频率(以 $\omega L \rho^{1/2} G^{-1/2}$ 表示)与各方法计算偏差对照表。表中，f_1、f_{3R}、f_A 分别为一维欧拉-伯努利方法、三维振动里兹法、ANSYS 12.0 模态分析法所求得的频率系数；f_A 的求解偏差率为 $|f_A - f_1|/f_1 \times 100\%$，$f_{3R}$ 的求解偏差率为 $|f_{3R} - f_1|/f_1 \times 100\%$。从表 4-4 偏差计算结果横向比较表明：随着 δ 的增大，f_A 求解偏差逐渐减小，f_{3R} 求解偏差逐渐增大，但都小于 5%；f_{3R} 和 f_A 的求解精度相当。纵向比较表明：$\delta_l = 2, 3$ 时，f_{3R} 比 f_A 的求解偏差小，说明 f_{3R} 求解大截面变幅杆的纵向振动频率比 f_A 更具有求解优势。

表 4-4　圆截面变幅杆第 1 阶自由纵向振动求解及偏差对比表

变幅杆类型	计算方法与偏差率	δ_l			
		2	3	4	5
圆锥形	f_1	5.851	5.851	5.851	5.851
	f_A	5.678	5.696	5.765	5.796
	f_{3R}	5.801	5.922	6.012	6.060
	$\|f_A - f_1\|/f_1/\%$	3.10	2.78	1.54	0.99
	$\|f_{3R} - f_1\|/f_1/\%$	0.90	1.27	2.88	3.74
指数形	f_1	5.537	5.537	5.537	5.537
	f_A	5.254	5.427	5.478	5.499
	f_{3R}	5.432	5.616	5.756	5.790
	$\|f_A - f_1\|/f_1/\%$	5.11	1.99	1.07	0.69
	$\|f_{3R} - f_1\|/f_1/\%$	1.90	1.43	3.96	4.57
悬链线形	f_1	5.177	5.177	5.177	5.177
	f_A	4.936	5.087	5.123	5.141
	f_{3R}	5.206	5.258	5.384	5.415
	$\|f_A - f_1\|/f_1/\%$	4.66	1.74	1.04	0.70
	$\|f_{3R} - f_1\|/f_1/\%$	0.56	1.56	4.00	4.60

4.2.3　大、中、小截面指数形变幅杆模态实验

1. 变幅杆设计与制造

为了验证变幅杆横向截面大小对纵向振动的影响，根据实验室的 YP-5520-4Z 柱型超声波换能器，设计变幅杆的工作频率为 20kHz。根据半波长圆截面指数杆的一维振动设计理论，设计了面积系数为 2.9、长度为 137.3mm 的三组截面不同的变幅杆。大端直径 D_1 分别为 58mm、97mm、116mm，小端

直径 D_2 分别为 20mm、30mm、40mm，材料为 45 钢。采用 MasterCAM 9.0 软件对指数形变幅杆自动编程，在 FTC-20 数控车床上加工出的三个指数形变幅杆如图 4-3 所示。为了使加速度传感器磁座与变幅杆充分吸合，在变幅杆大端、距大端截面 100mm 处两周分别铣出四个小平面。

图 4-3　大、中、小不同截面指数形变幅杆

2. 变幅杆模态实验系统构成

采用一点激励、多点响应的锤击测试方法，测试了大、中、小指数形变幅杆第 1 阶弯曲、扭转、纵向自由振动固有频率和振型。变幅杆的锤击脉冲激振测试系统如图 4-4 所示，实验中将变幅杆用绳子悬挂起来，以模拟自由状态。采用 INV3020D 数据采集仪 25 通道，进行 1 个通道激励、24 个并行响应通道的频响函数测量。

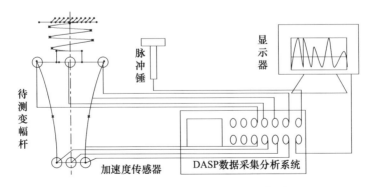

图 4-4　变幅杆的模态实验测试系统图

3. 变幅杆模态实验连线与测试设置

力锤手柄传感器一端连接到数据采集仪上,数据采集仪通过网线连接到装有 DASP(data acquisition & signal processing) Coinv DASP V10.0 软件的笔记本电脑上,接线图如图 4-5 所示。8 个三维加速度传感器(型号为 DYTRAN3263M8),4 个一组分别沿变幅杆大端、小端圆周阵列布置,通过磁座与变幅杆预先加工的小平面吸合。加速度数据连接线连接到数据采集仪上。实验时,限制采样频率的范围为 1~22kHz,在 DASP V10.0 软件中输入变幅杆坐标点建立分析模型,使用力锤在距离变幅杆大端 100mm 的截面(振幅最大处)外侧进行多次锤击,经 DASP V10.0 软件读取相应数据,分析处理,记录相应谐振频率和振型。依据扭转、纵向典型振型,确定相应的谐振频率,见表 4-5 中的 f_E 一列。

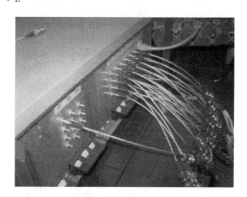

图 4-5　INV3020D 型数据采集仪接线图

表 4-5　大、中、小指数形变幅杆谐振频率不同求解理论方法的数据对比

指数形变幅杆	几何参数/mm			谐振频率/Hz				相对偏差率/%		
	D_1	D_2		f_1	f_{3R}	f_A	f_E	$\dfrac{\|f_1-f_A\|}{f_A}$	$\dfrac{\|f_{3R}-f_A\|}{f_A}$	$\dfrac{\|f_E-f_A\|}{f_A}$
1	58	20	1^B	7146	7123	7091	7050	1.36	1.04	0.58
			0^T	14157	14504	14104	13848	2.93	2.84	1.82
			0^L	20000	20191	19737	20113	1.33	2.30	1.91
2	87	30	1^B	9562	9193	9330	9112	2.49	1.47	2.34
			0^T	14157	14407	14001	13896	3.69	2.90	0.75
			0^L	20000	19967	19453	19822	2.81	2.64	1.90

续表

指数形变幅杆	几何参数 /mm			谐振频率/Hz				相对偏差率/%		
	D_1	D_2		f_1	f_{3R}	f_A	f_E	$\dfrac{\|f_1-f_A\|}{f_A}$	$\dfrac{\|f_{3R}-f_A\|}{f_A}$	$\dfrac{\|f_E-f_A\|}{f_A}$
3	116	40	1^B	11142	10989	10748	10401	3.67	2.24	3.23
			0^T	14157	14215	13847	13985	4.84	2.66	1.00
			0^L	20000	19424	18956	18698	5.51	2.47	1.36

4.2.4　谐振频率对比分析

利用有限元分析软件 ANSYS 12.0,45 钢材料特性参数为弹性模量 $E=$ 210GPa,泊松比 $\mu=0.3$,纵波声速 $C=5200\text{m/s}$,密度 $\rho=7800\text{kg/m}^3$。所选择的分析单元类型为 20 节点的 solid95,4 级智能划分网格,扩展模态 30 阶,频率范围为 0~30000Hz,所求得的变幅杆固有频率见表 4-5 中的 f_A 一列。

表 4-5 中,D_1 为指数形变幅杆大端直径,D_2 为变幅杆小端直径,L 为变幅杆长度;f_1、f_{3R}、f_A、f_E 分别为一维欧拉-伯努利方法、三维振动里兹法、ANSYS 12.0 有限元模态分析法、锤击激励模态实验方法所求得的频率;0^T 表示 $n=0$ 时指数形变幅杆的扭转振动,0^L 表示纵向振动;1^B 表示 $n=1$ 时指数形变幅杆的弯曲振动。结果表明:

(1) 随着指数形变幅杆截面增大,一维振动求解理论误差越来越大,当截面尺寸接近 1/2 波长时,求解误差接近或超过 5%;

(2) 三维振动里兹法的求解结果与 ANSYS 12.0 的求解结果水平相当;

(3) 锤击激励模态实验与 ANSYS 12.0 的求解结果一致性很好,表明实验数据可靠。

4.3　变厚度环盘振动特性的三维振动里兹法求解

研究齿轮的简化模型和动力学特性对振动系统的设计和优化有重要意义。齿轮是典型的圆环盘类零件,振动分析时,可以将其简化为中厚圆环盘。为此,齿轮超声珩齿加工中主要利用齿轮的轴对称低阶节圆型横向弯曲和径向振动。等厚圆盘和环盘的振动求解 Reissner 等已经给出理论解。变厚度圆板的弯曲振动抗弯刚度 D 为半径 r 的函数,振动方程是关于未知变量挠度

w 的三阶变系数常微分方程,一般情况下理论求解十分困难,常采用传递矩阵法、三节点环元法、能量变分数值法求解[6]。

随着计算机性能和分析程序的高效化,越来越多的学者基于三维弹性振动里兹法对杆、梁、盘或板的振动分析进行了研究。Zhou 等[7]采用三维振动里兹法,结合切比雪夫多项式研究了等厚度不同边界圆盘和环盘的振动固有频率,并对多项式函数的收敛性进行了深入计算分析。Liew 等[8]研究了环盘自由振动的振动频率和振型,并与现有求解方法进行了对比分析。Tajeddini 等[9]对帕斯捷尔纳克地基上的各向同性功能梯度的变厚度厚圆盘和环盘的自由振动固有频率进行了研究。但上述文献没有分析厚径比、孔径比、材料泊松比、径向厚度变化系数等因素对环盘振动的影响规律,在三维振动里兹法与现有的理论分析、数值求解、实验方法的对比研究还不够充分,没有从齿轮动力学分析建模和齿轮超声加工振动系统设计角度研究。

齿轮超声剃珩中变幅杆与齿轮在位移最大处相连,忽略齿轮所受脉冲珩削力,齿轮处于自由振动状态。本节基于三维弹性振动理论,采用能量变分里兹法统一等厚度与变厚度环盘的横向弯曲和径向振动的求解方法,计算不同厚径比、孔径比、齿轮常用材料泊松比的等厚度及径向线性变厚度环盘自由振动的第 1 阶固有频率系数,绘制相应曲线,研究各因素对振动频率的影响规律。从 Mindlin 理论、三维振动里兹法、有限单元法、实验模态分析角度对等厚度环盘和径向变厚度环盘的节圆型横向弯曲和径向振动频率的求解结果及影响因素进行对比分析,用模态实验验证计算模型的准确性。

4.3.1　环盘振动特性的三维振动里兹法求解原理

1. 环盘振动分析模型与动力学公式

径向变厚度环盘的分析模型和柱坐标系 (s, θ, z) 如图 4-6 所示,环盘内孔对称轴线与环盘 z 向对称中性平面的交点作为坐标系的原点。环盘厚度 $h(s)$ 为径向坐标 s 的函数,圆周角为 θ,环盘内孔半径为 r_i,外圆半径为 r_o,内孔柱面厚度为 $2h_i$,外圆柱面厚度为 $2h_o$,径向半径宽度为 $L_r (= r_o - r_i)$。

环盘体积域 Γ 的取值范围如下:

$$r_i \leqslant s \leqslant r_o, \quad -h(s) \leqslant z \leqslant h(s), \quad 0 \leqslant \theta \leqslant 2\pi \quad (4\text{-}35)$$

如图 4-6 所示,环盘在振动时,有沿坐标轴的 3 个位移分量 u_s、u_θ、u_z,6 个应变分量 ε_s、ε_θ、ε_z、$\gamma_{s\theta}$、$\gamma_{\theta z}$、γ_{zs},6 个应力分量 σ_s、σ_θ、σ_z、$\tau_{s\theta}$、$\tau_{\theta z}$、τ_{zs},共有 15 个未知

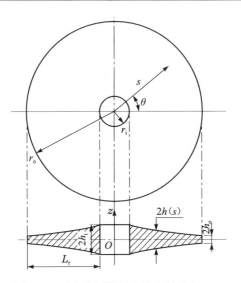

图 4-6　环盘分析模型和柱坐标系(s,z,θ)

数将满足以下 15 个方程[3]。其中三维动力学运动方程为

$$\begin{cases} \dfrac{\partial \sigma_s}{\partial s} + \dfrac{\partial \tau_{zs}}{\partial z} + \dfrac{1}{s}\left(\sigma_s - \sigma_\theta + \dfrac{\partial \tau_{\theta s}}{\partial \theta}\right) = \rho \dfrac{\partial^2 u_s}{\partial t^2} \\[3mm] \dfrac{\partial \tau_{s\theta}}{\partial s} + \dfrac{\partial \tau_{z\theta}}{\partial z} + \dfrac{1}{s}\left(2\tau_{s\theta} + \dfrac{\partial \sigma_\theta}{\partial \theta}\right) = \rho \dfrac{\partial^2 u_\theta}{\partial t^2} \\[3mm] \dfrac{\partial \tau_{sz}}{\partial s} + \dfrac{\partial \sigma_z}{\partial z} + \dfrac{1}{s}\left(\tau_{sz} + \dfrac{\partial \tau_{\theta z}}{\partial \theta}\right) = \rho \dfrac{\partial^2 u_z}{\partial t^2} \end{cases} \quad (4\text{-}36)$$

对于各向同性线弹性材料,应力、应变满足物理方程:

$$\begin{cases} \sigma_s = \dfrac{E}{1+\mu}\left(\varepsilon_s + \dfrac{\mu}{1-2\mu}e\right), \quad \tau_{s\theta} = G\gamma_{s\theta} \\[3mm] \sigma_\theta = \dfrac{E}{1+\mu}\left(\varepsilon_\theta + \dfrac{\mu}{1-2\mu}e\right), \quad \tau_{\theta z} = G\gamma_{\theta z} \\[3mm] \sigma_z = \dfrac{E}{1+\mu}\left(\varepsilon_z + \dfrac{\mu}{1-2\mu}e\right), \quad \tau_{zs} = G\gamma_{zs} \end{cases} \quad (4\text{-}37)$$

其中,e 为体积应变,$e = \varepsilon_s + \varepsilon_\theta + \varepsilon_z$;$\mu$ 为泊松比;E 为杨氏弹性模量;G 为剪切弹性模量,三者存在关系为 $G = E/[2(1+\mu)]$。

位移分量和应变分量满足以下几何方程:

$$
\begin{cases}
\varepsilon_s = \dfrac{\partial u_s}{\partial s}, \quad \varepsilon_\theta = \dfrac{1}{s}\left(u_s + \dfrac{\partial u_\theta}{\partial \theta}\right), \quad \varepsilon_z = \dfrac{\partial u_z}{\partial z} \\[2mm]
\gamma_{s\theta} = \dfrac{1}{s}\left(\dfrac{\partial u_s}{\partial \theta} - u_\theta\right) + \dfrac{\partial u_\theta}{\partial s}, \quad \gamma_{\theta z} = \dfrac{\partial u_\theta}{\partial z} + \dfrac{1}{s}\dfrac{\partial u_z}{\partial \theta} \\[2mm]
\gamma_{zs} = \dfrac{\partial u_z}{\partial s} + \dfrac{\partial u_s}{\partial z}
\end{cases}
\tag{4-38}
$$

将式(4-37)、式(4-38)代入式(4-36),可以求得关于未知变量 u_s、u_θ、u_z 的二阶变系数偏微分方程,其理论解析求解十分困难,可以采用能量变分里兹法进行数值求解[10]。

振动变形体因受力而发生形变,内部产生应变和应力,此时体内具有弹性形变势能。其整个区域内应变势能 V 如下:

$$
V = \frac{1}{2}\iiint\limits_{\Gamma}(\sigma_s \varepsilon_s + \sigma_\theta \varepsilon_\theta + \sigma_z \varepsilon_z + \tau_{s\theta}\gamma_{s\theta} + \tau_{\theta z}\gamma_{\theta z} + \tau_{zs}\gamma_{zs})s\,\mathrm{d}s\,\mathrm{d}\theta\,\mathrm{d}z
$$

$$\tag{4-39}$$

将式(4-37)、式(4-38)代入式(4-39)可求得用应变表示的应变能:

$$
V = \frac{G}{2}\iiint\limits_{\Gamma}\left[\frac{2\mu}{1-2\mu}(\varepsilon_r + \varepsilon_\theta + \varepsilon_z)^2 + 2(\varepsilon_r^2 + \varepsilon_\theta^2 + \varepsilon_z^2)\right.
$$

$$
\left. + (\gamma_{r\theta}^2 + \gamma_{\theta z}^2 + \gamma_{zr}^2)\right] r\,\mathrm{d}r\,\mathrm{d}\theta\,\mathrm{d}z
\tag{4-40}
$$

动能表达式如下:

$$
T = \frac{1}{2}\iiint\limits_{\Gamma}\rho\left[\left(\frac{\partial u_s}{\partial t}\right)^2 + \left(\frac{\partial u_\theta}{\partial t}\right)^2 + \left(\frac{\partial u_z}{\partial t}\right)^2\right]s\,\mathrm{d}s\,\mathrm{d}\theta\,\mathrm{d}z
\tag{4-41}
$$

为了简化公式推导与设计计算,将 s、z 坐标转化为无量纲坐标,令 $\psi = s/L_r$、$\zeta = z/(h_o + h_i)$。(ψ, ζ, θ) 坐标取值范围如下:

$$
0 \leqslant \psi \leqslant 1, \quad -\delta(\psi) \leqslant \zeta \leqslant \delta(\psi), \quad 0 \leqslant \theta \leqslant 2\pi
\tag{4-42}
$$

式中,$\delta(\psi)$ 是变厚度环盘厚度的比值,由下式定义:

$$
\delta(\psi) = h(s)/(h_i + h_o)
\tag{4-43}
$$

对于等厚度、径向线性变厚度、指数形变厚度环盘 $\delta(\psi)$ 取值分别为

$$
\begin{cases}
\delta(\zeta) = \dfrac{1}{2} \\[3mm]
\delta(\zeta) = \dfrac{1 + \psi(h^* - 1)}{1 + h^*} \\[3mm]
\delta(\zeta) = \dfrac{\mathrm{e}^{\ln(h^*)\psi}}{1 + h^*}
\end{cases}
$$

其中,$h^* = h_o/h_i$ 为圆环盘由外缘到内孔径厚度变化系数,对应的环盘配置模型如图 4-7 所示。

图 4-7　径向变厚度环盘配置模型

2. 振幅

不计阻尼的环盘自由振动,其振幅可由下式表示[10]:

$$\begin{cases} u_s(\psi,\theta,\zeta,t) = U_s(\psi,\zeta)\cos(n\theta)\sin(\omega t + \phi) \\ u_\theta(\psi,\theta,\zeta,t) = U_\theta(\psi,\zeta)\sin(n\theta)\sin(\omega t + \phi) \\ u_z(\psi,\theta,\zeta,t) = U_z(\psi,\zeta)\cos(n\theta)\sin(\omega t + \phi) \end{cases} \quad (4\text{-}44)$$

式中,U_s、U_θ 和 U_z 是 ψ 和 ζ 的位移函数;ω 为圆频率;ϕ 是由初始条件所确定的角位移;n 为圆波数,$n = 0,1,2,\cdots,\infty$;θ 为周期。

3. 应变势能与动能函数

将式(4-44)代入式(4-38),进而代入式(4-39)、式(4-40),可以得到环盘一个振动周期内的最大应变势能函数[式(4-45)]、最大动能函数[式(4-46)]分别为

$$\begin{aligned} V_{\max} = \frac{L_r G}{2} \int_0^1 \int_{-\delta(\psi)}^{\delta(\psi)} & \left\{ \left[\frac{2\mu}{1-2\mu}(k_1+k_2+k_3)^2 + 2(k_1^2+k_2^2+k_3^2) + k_4^2 \right] C_1 \right. \\ & \left. + (k_5^2+k_6^2)C_2 \right\} \gamma \,\mathrm{d}\zeta \,\mathrm{d}\psi \end{aligned} \quad (4\text{-}45)$$

式中

$$k_1 = \frac{1+h^*}{1-r^*}\delta^* \frac{\partial U_s}{\partial \psi}, \quad k_2 = \frac{\partial U_z}{\partial \zeta}, \quad k_3 = \frac{U_s + nU_\theta}{\gamma}, \quad k_4 = \frac{1+h^*}{1-r^*}\delta^* \frac{\partial U_z}{\partial \psi} + \frac{\partial U_s}{\partial \zeta},$$

$$k_5 = \frac{1+h^*}{1-r^*}\delta^* \frac{r_o}{[(1-r^*)\psi + r^*]} \frac{\partial U_\theta}{\partial \psi} - \frac{nU_s + U_\theta}{\gamma}, \quad k_6 = \frac{\partial U_\theta}{\partial \zeta} - \frac{nU_z}{\gamma},$$

$$\gamma = \frac{1}{\delta^*}\left[\frac{r^* + (1-r^*)\psi}{1+h^*} \right]$$

其中,$n = 0,1,2,\cdots,\infty$;厚径比 $\delta^* = h_i/r_o$;孔径比 $r^* = r_i/r_o$。式(4-45)中,C_1 和 C_2 是常数,由下式确定:

$$C_1 = \int_0^{2\pi} \cos^2(n\theta)\,\mathrm{d}\theta = \begin{cases} 2\pi & (n=0) \\ \pi & (n\geqslant 1) \end{cases}, \quad C_2 = \int_0^{2\pi} \sin^2(n\theta)\,\mathrm{d}\theta = \begin{cases} 0 & (n=0) \\ \pi & (n\geqslant 1) \end{cases}$$

$$T_{\max} = \frac{\rho L_{\rm r}(h_{\rm i}+h_{\rm o})^2\omega^2}{2}\int_0^1\int_{-\delta(\psi)}^{\delta(\psi)}\big[(U_s^2+U_z^2)C_1+U_\theta^2C_2\big]\gamma\,{\rm d}\zeta{\rm d}\psi \quad (4\text{-}46)$$

当 $n=0$ 时，$V_{\max}$、$T_{\max}$ 分别为环盘轴对称节圆型横向弯曲和径向振动的最大应变势能与动能函数；当 $n=1,2,\cdots,\infty$ 时，$V_{\max}$、$T_{\max}$ 分别为环盘节径型横向弯曲振动的最大应变势能与动能函数。

4. 振型函数

假设式(4-44)中 U_s、U_θ、U_z 的振型函数表达式如下：

$$\begin{cases} U_s(\psi,\zeta) = \lambda_s(\psi,\zeta)\displaystyle\sum_{i=0}^{I}\sum_{j=0}^{J}A_{ij}\psi^i\zeta^j \\[2mm] U_\theta(\psi,\zeta) = \lambda_\theta(\psi,\zeta)\displaystyle\sum_{k=0}^{k}\sum_{l=0}^{L}B_{kl}\psi^k\zeta^l \\[2mm] U_z(\psi,\zeta) = \lambda_z(\psi,\zeta)\displaystyle\sum_{p=0}^{P}\sum_{q=0}^{Q}C_{pq}\psi^p\zeta^q \end{cases} \quad (4\text{-}47)$$

式中，i、j、k、l、p、q 取正整数；I、J、K、L、P、Q 为计算所需级数的最大值；A_{ij}、B_{kl}、C_{pq} 为级数相应系数；λ_s、λ_θ、λ_z 为影响因数，其值由环盘的边界条件所确定：

(1) 内部($\psi=0$)、外部($\psi=1$)边界自由振动时，$\lambda_s=\lambda_\theta=\lambda_z=1$；

(2) 内部固定、外部边界自由时，$\lambda_s=\lambda_\theta=\lambda_z=\psi$；

(3) 内部自由、外部边界固定时，$\lambda_s=\lambda_\theta=\lambda_z=\zeta-1$；

(4) 内部、外部边界都固定时，$\lambda_s=\lambda_\theta=\lambda_z=\psi(\psi-1)$。

λ 与式(4-47)中的代数多项式一起形成了数学上的完备集。随着级数项数的增加，级数函数包含了环盘所有的三维振动模态，式(4-47)将会收敛于理论解。

5. 特征值方程的求解

$$\begin{cases} \dfrac{\partial}{\partial A_{ij}}(V_{\max}-T_{\max})=0 & (i=0,1,2,\cdots,I;j=0,1,2,\cdots,J) \\[3mm] \dfrac{\partial}{\partial B_{kl}}(V_{\max}-T_{\max})=0 & (k=0,1,2,\cdots,K;l=0,1,2,\cdots,L) \\[3mm] \dfrac{\partial}{\partial C_{pq}}(V_{\max}-T_{\max})=0 & (p=0,1,2,\cdots,P;q=0,1,2,\cdots,Q) \end{cases}$$

$$(4\text{-}48)$$

由哈密顿原理得到式(4-48),该式产生了$(I+1)(J+1)+(K+1)(L+1)+$ $(P+1)(Q+1)$个以A_{ij}、B_{kl}、C_{pq}为未知系数的频率方程:

$$(K - \Omega M)X = 0 \qquad (4\text{-}49)$$

即环盘振动频率方程。若环盘的工作频率确定,则可由此方程解得环盘的设计参数;若环盘的尺寸参数已知,则可以解得其振动频率。式(4-49)中, K、M分别为弹性刚度矩阵和质量刚度矩阵,Ω为振动系统的特征值。振型系数向量由下式确定:

$$X = (A_{00},A_{01},\cdots,A_{IJ};B_{00},B_{01},\cdots,B_{KL};C_{00},C_{01},\cdots,C_{PQ})^{\mathrm{T}} \quad (4\text{-}50)$$

要取得非零解,系数矩阵行列式值应为零,由此可求得环盘振动固有频率ω。频率特征值是理论精确值的上限ω;代入式(4-50),可求出系数A_{ij}、B_{kl}和C_{pq},进而可以求得每一频率对应的振型X。

利用变厚圆盘的三维振动里兹求解方法,m阶无量纲圆频率、频率表达式为

$$\omega_m = \frac{S_m}{r_0}\sqrt{\frac{G}{\rho}}, \quad f_m = \frac{S_m}{2\pi r_0}\sqrt{\frac{G}{\rho}} \qquad (4\text{-}51)$$

式中,$m=1,2,3,\cdots,\infty$,表示环盘振动阶数;S_m为m阶振动频率系数;ω_m为振动圆频率;f_m为振动频率;G为剪切弹性模量;ρ为单位体积密度;r_0为环盘半径。

由式(4-51)可以看出,变厚度环盘的振动频率与其材料、几何形状参数及振动阶数有关。采用 MATLAB 2011Ra 为计算工具,可以方便计算不同孔径比r^*、厚径比δ^*、材料泊松比μ的变厚度环盘的轴对称节圆型横向弯曲和径向振动低阶频率;与 ANSYS 分析软件相比,无需 ANSYS 在分析不同对象时所需的重复的前处理步骤[11]。

4.3.2　等厚度环盘自由振动固有频率分析

材料为 45 钢,孔径比$r^* = 1/6$,$r_0 = 60\text{mm}$,$\mu = 0.3$,厚径比δ^*分别为 0.1、0.2、0.3、0.4、0.5 的等厚度环盘,采用三维振动里兹法,利用 MATLAB 2011Ra 编程,求得其轴对称节圆型横向弯曲和径向自由振动第 1 阶固有频率,见表 4-6。计算时取$I=J=K=L=P=Q=3$。计算机硬件配置:内存为 $2\times$ 1024MB,处理器为 Intel(R)Core(TM)i3-2330M,单个频率计算时间为 18s。

表 4-6　等厚度环盘轴对称自由振动第 1 阶固有频率表

振动类型与求解方法		(h^*, δ^*)				
		$(1,0.1)$	$(1,0.2)$	$(1,0.3)$	$(1,0.4)$	$(1,0.5)$
0^f	f_M	6696	11820	15320	17730	19430
	f_A	6753	11910	15424	17861	19583
	f_{3R}	6857	12253	16023	18442	19915
0^r	f_C	26913	26913	26913	26913	26913
	f_A	26813	26706	26421	26127	25663
	f_{3R}	27261	26702	26160	26720	25933

　　表 4-6 中，0^f 表示 $n=0$ 时等厚度环盘的轴对称节圆型弯曲振动，0^r 表示 $n=0$ 时等厚度环盘的轴对称径向振动；f_M、f_A、f_{3R}、f_C 分别表示 Mindlin 理论、ANSYS 有限元模态分析方法、三维振动里兹求解方法、经典薄板径向振动求解方法所求得的等厚度环盘的振动频率。由表 4-6 可以看出，等厚度环盘轴对称节圆型弯曲振动频率的三种方法求解精度相当；等厚度环盘节圆型弯曲振动频率随其厚径比的增大而增大；等厚度环盘的径向振动频率随着厚径比的增大整体呈现下降趋势，但下降平缓。

　　根据孔径比 r^* 为 1/4、1/3、1/2，厚径比 δ^* 分别为 0.1、0.2、0.3、0.4、0.5，泊松比 μ 分别为 0.27、0.30、0.33、0.36、0.39 的等厚度环盘节圆型轴对称横向弯曲（下面—族曲线）和径向自由振动（上面·族曲线）第 1 阶固有圆频率系数 S_1，绘出圆频率系数变化曲线，如图 4-8 所示。

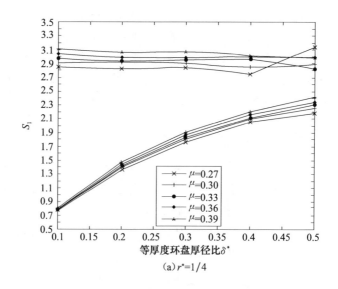

(a) $r^* = 1/4$

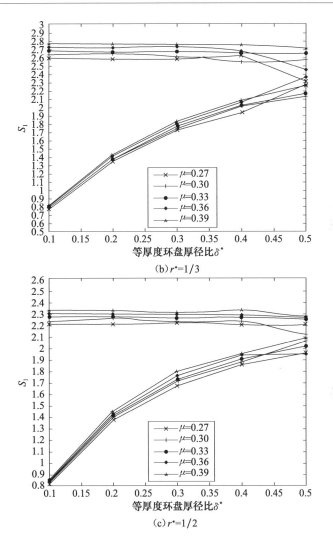

图 4-8　等厚度环盘节圆型横向弯曲和径向自由振动第 1 阶固
有圆频率系数 S_1 随 r^*、δ^* 和 μ 的变化关系图

从图 4-8 可以得出如下结论：

（1）对于孔径比 r^* 一定的等厚度环盘，其轴对称节圆型横向弯曲振动频率
随 δ^*、μ 的增大而增大；径向振动频率随 δ^* 变化得不明显，δ^* 在 $[0.1,0.4]$ 内随
μ 的增大而增大，当 $\delta^* = 0.5$ 时，由于径向、横向耦合振动加剧，变化趋势不稳
定，但整体上呈下降趋势；径向振动频率高于节圆型横向弯曲振动频率。

（2）δ^*、μ一定的等厚度环盘，径向振动频率随r^*的增大而降低；μ一定时，δ^*在$[0.1,0.2]$内节圆型横向弯曲振动频率随r^*的增大而升高，δ^*在$[0.3,0.5]$内节圆型横向弯曲振动频率随r^*的增大而降低。

4.3.3　径向线性变厚度环盘自由振动固有频率分析

利用MATLAB 2011Ra软件对r^*分别为1/4、1/3、1/2，δ^*分别为0.1、0.2、0.3、0.4、0.5，μ分别为0.27、0.30、0.33、0.36、0.39，h^*分别为1/4、1/3、1/2的线性变厚度环盘轴对称节圆型横向弯曲（下面一族曲线）和径向自由振动（上面一族曲线）第1阶固有圆频率系数S_1，进行计算分析，并绘出r^*分别为1/4、1/3、1/2，h^*为1/4的线性变厚度环盘的圆频率系数变化曲线，见图4-9。

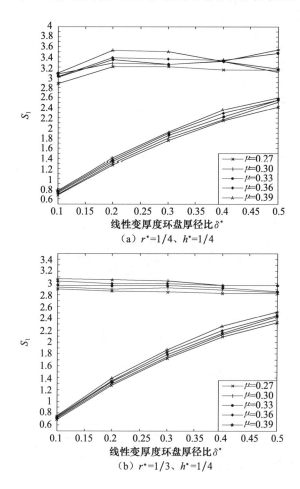

（a）$r^*=1/4$、$h^*=1/4$

（b）$r^*=1/3$、$h^*=1/4$

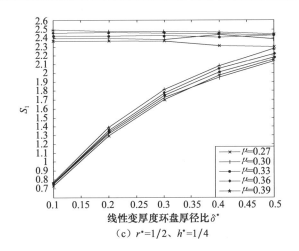

（c）$r^*=1/2$，$h^*=1/4$

图 4-9　线性变厚度环盘节圆型横向弯曲和径向自由振动第 1 阶
圆频率系数 S_1 随 r^*、h^*、δ^* 和 μ 的变化关系图

由图 4-9，可得出如下结论：

（1）对于孔径比 r^* 一定的线性变厚度环盘，其轴对称节圆型横向弯曲振动频率随厚径比 δ^*、泊松比 μ 的增大而增大，随 h^* 的增大而降低；径向振动频率高于节圆型横向弯曲振动频率；径向振动频率随厚径比变化得不明显，δ^* 在 [0.1,0.4] 内随泊松比的增大而增大，当 $\delta^*=0.5$ 时，由于径向、横向耦合振动加剧，变化趋势不稳定，但整体上呈下降趋势；δ^*、μ 一定时，径向振动频率系数随 h^* 的增大而降低。

（2）r^*、δ^*、μ 一定的线性变厚度环盘比等厚度环盘的径向振动频率系数高；δ^* 在 [0.1,0.2] 内变厚度环盘的节圆型横向弯曲振动频率比等厚度环盘的弯曲振动频率低，δ^* 在 [0.3,0.5] 内其比等厚度环盘的弯曲振动频率高。

（3）r^* 为 1/4 的线性变厚度环盘，其径向振动频率系数在 [3.0,3.5] 内波动，r^* 为 1/3 的线性变厚度环盘，其径向振动频率系数在 [2.6,3.1] 内波动，r^* 为 1/2 的线性变厚度环盘，其径向振动频率系数在 [2.3,2.5] 内波动；δ^*、h^*、μ 一定的线性变厚度环盘，径向振动频率随孔径比 r^* 的增大而降低；μ 一定时，δ^* 在 [0.1,0.2] 内节圆型横向弯曲振动频率随 r^* 的增大而升高，δ^* 在 [0.3,0.5] 内节圆型横向弯曲振动频率随 r^* 的增大而降低，变化幅度没有径向振动明显。

4.3.4　模态实验与结果分析

1. 线性变厚度环盘的尺寸与材料性能参数

为验证三维振动里兹法计算变厚度环盘振动频率的正确性，设计加工了

$r^* = 0.25$, $h^* = 0.25$, δ^* 分别为 0.2、0.3、0.4，r_o 分别为 60mm、40mm、30mm，材料分别为 45 钢、铝合金 7A04、黄铜合金 HPb59-1 的三组共 9 个线性变厚度环盘(图 4-10)。其材料性能参数见表 4-7。

图 4-10　不同材料的线性变厚度环盘

表 4-7　线性变厚度环盘材料性能参数

材　　料	性能参数		
	$E/(\text{N/m}^2)$	$\rho/(\text{kg/m}^3)$	μ
45 钢	2.1×10^{11}	7800	0.27
铝合金 7A04	7×10^{10}	2700	0.30
黄铜合金 HPb59-1	1.1×10^{11}	8500	0.33

2. 线性变厚度环盘的锤击法模态实验

锤击法测量线性变厚度环盘的轴对称节圆型横向弯曲和径向振动频率的实验装置如图 4-11 所示，用弹性皮筋悬挂环盘模拟自由振动边界条件，所用压电式加速度传感器型号为 CA-YD-125，电荷放大器型号为 YE5850B 型。实验时用 101 胶将加速度传感器分别粘贴在待测线性变厚度环盘端面和圆周面。设置模态分析软件的采样频率为 100kHz，用力锤分别垂直锤击环盘的中心孔附近端面和环盘圆周面，保证锤击有力、声音干净清脆。环盘振动激发传感器振动，传感器输出端输出电量到电荷放大器。电荷放大器输出与加速度成比例关系的电压信号，电压信号经数据采集卡端口进入计算机模态分析专用分析软件，通过调整分析界面内的当前显示数据组序，移动鼠标到相应波峰值，显示的频率为锤击所激发的环盘轴对称振动固有频率。对所有环盘的节圆型横向弯曲和径向自由振动第 1 阶固有频率进行测试，测试结果见表 4-8～表 4-10 中的 f_E 一列。

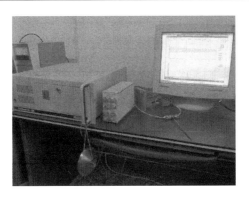

图 4-11　实验装置系统图

表 4-8　45 钢线性变厚度环盘节圆型横向弯曲和径向自由振动第 1 阶固有频率表

$(r_o = 60\text{mm}, r_i = 15\text{mm})$

几何参数	谐振频率 f/Hz				相对偏差率/%	
(h^*, δ^*)		f_{3R}	f_A	f_E	$\dfrac{|f_{3R} - f_E|}{f_E}$	$\dfrac{|f_A - f_E|}{f_E}$
(0.25, 0.2)	0^f	11001	11147	11063	0.56	0.76
	0^r	27728	27538	27683	0.16	0.52
(0.25, 0.3)	0^f	15169	15317	15205	0.24	0.74
	0^r	27596	27313	27440	0.57	0.46
(0.25, 0.4)	0^f	18419	18533	18368	0.28	0.90
	0^r	27164	26955	27157	0.026	0.74

表 4-9　铝合金 7A04 线性变厚度环盘节圆型横向弯曲和径向自由振动第 1 阶固有频率表

$(r_o = 40\text{mm}, r_i = 10\text{mm})$

几何参数	谐振频率 f/Hz				相对偏差率/%	
(h^*, δ^*)		f_{3R}	f_A	f_E	$\dfrac{|f_{3R} - f_E|}{f_E}$	$\dfrac{|f_A - f_E|}{f_E}$
(0.25, 0.2)	0^f	16369	16820	16154	1.33	4.12
	0^r	41152	40867	40982	0.41	0.28
(0.25, 0.3)	0^f	22520	23045	23140	3.85	0.41
	0^r	40959	40473	41533	1.38	2.55
(0.25, 0.4)	0^f	27231	27814	27375	0.53	1.60
	0^r	41657	39855	40668	2.43	2.00

表 4-10　黄铜合金 HPb59-1 线性变厚度环盘节圆型横向弯曲和径向自由振动
第 1 阶固有频率表($r_o = 30\text{mm}, r_i = 7.5\text{mm}$)

几何参数		谐振频率 f/Hz			相对偏差率/%	
(h^*, δ^*)		f_{3R}	f_A	f_E	$\dfrac{|f_{3R} - f_E|}{f_E}$	$\dfrac{|f_A - f_E|}{f_E}$
(0.25, 0.2)	0^f	15633	16220	16075	2.75	0.90
	0^r	39089	37886	39679	1.49	4.52
(0.25, 0.3)	0^f	21636	22105	21384	1.18	3.37
	0^r	37981	37497	38678	1.80	3.05
(0.25, 0.4)	0^f	25973	25713	26638	2.50	3.47
	0^r	38869	37780	39625	1.91	4.66

3. 线性变厚度环盘的有限元模态分析

利用 Pro/E 建立线性变厚度环盘,转换为 iges 格式模型,再导入有限元分析软件 ANSYS 12.0(材料特性参数如表 4-7 所示),所选择的分析单元类型为 20 节点的 solid95,1 级智能划分网格。采用 Block Lanczos 模态分析方法,模态扩展设置搜索频率阶数为 30 阶,频率范围为 1~50kHz。所求得的线性变厚度环盘 0^f、0^r 第 1 阶固有频率见表 4-8~表 4-10 中的 f_A 一列,三维振动里兹法计算结果见表中的 f_{3R} 一列。

4. 结果分析

表 4-8~表 4-10 分别为 45 钢、铝合金 7A04、黄铜合金 HPb59-1 线性变厚度环盘的第 1 阶节圆型横向弯曲和径向自由振动固有频率的三维振动里兹法、有限元模态分析与锤击法模态实验的求解结果对比表。表中,0^f 表示 $n = 0$ 时线性变厚度环盘的轴对称节圆型横向弯曲振动,0^r 表示 $n = 0$ 时线性变厚度环盘的轴对称径向自由振动;f_{3R} 表示三维振动里兹法数值计算结果,f_A 表示 ANSYS 模态分析结果,f_E 表示实验模态测试结果。结果表明:

(1) 材料为 45 钢、铝合金 7A04、黄铜合金 HPb59-1 的线性变厚度环盘,其轴对称节圆型横向弯曲振动频率随厚径比 δ^* 的增大而增大。

(2) 相应的径向自由振动频率高于节圆型横向弯曲振动频率,随厚径比的增大径向振动频率整体上呈现下降趋势。

(3) 实验模态测试与三维振动里兹法数值计算、有限元模态分析结果相一致,与 4.3.3 节得出的频率变化规律相吻合;三维振动里兹法数值计算与有限单元法有同样的求解精确性。

4.4　本 章 小 结

（1）本章应用三维振动里兹法，统一了非均匀圆截面变幅杆纵向、扭转、弯曲振动的求解方法。数值计算、有限元模态分析和实验模态测试的结果对比表明：三维振动里兹法在大截面、短粗变幅杆的求解中比一维欧拉-伯努利振动求解理论更精确，与有限单元法有同样的求解精确性。

（2）在设计非均匀圆截面变幅杆时，只需代入材料特性参数 E、ρ、μ 和长度参数 L，即可求得谐振频率；并可方便地对不同长径比、不同阶次的高频变幅杆进行对比研究，无需 ANSYS 在分析不同对象模型时所需的重复的前处理步骤。

（3）本章应用三维振动里兹法，统一了变厚度环盘轴对称横向弯曲振动和径向自由振动的求解方法。数值计算、有限元模态分析和实验模态测试的结果对比表明：三维振动里兹法求解变厚度环盘轴对称横向弯曲振动和径向自由振动频率的结果准确，求解精度与 ANSYS 相当。

（4）求出频率系数 S_m 后，只需将环盘的材料特性参数 E、ρ、μ 和半径 r。代入式（4-51），即可求得谐振频率；并可方便地研究 r^*、δ^*、μ、h^* 对环盘振动频率的影响规律，无需 ANSYS 在分析不同对象模型时所需的重复的前处理步骤。该方法对齿轮动力学分析建模、齿轮超声珩齿谐振系统设计具有理论指导意义，为功率超声加工领域的变厚度盘形聚能器的设计提供了一种有效的设计方法。

参 考 文 献

[1]　老大中. 变分法基础(第二版). 北京:国防工业出版社,2007.

[2]　Liew K M,Wang C M,Xiang Y,et al. Vibration of Mindlin Plates Programming the p-Version Ritz Method. Oxford:Elsevier Science Ltd. ,1998.

[3]　曹志远. 板壳振动理论. 北京:中国铁道出版社,1989.

[4]　Kang J H,Leissa A W. Three-dimensional vibration analysis of thick,tapered rods and beams with circular cross-section. International Journal of Mechanical Sciences,2004,46(6):929-944.

[5]　秦慧斌,吕明,王时英,等. 三维振动里兹法在变幅杆谐振特性分析中的应用研究. 振动与冲击,2012,31(18):163-168.

[6]　Liang B,Shu F Z,Chen D Y. Natural frequencies of circular annular plates with varia-

ble thickness by a new method. International Journal of Pressure Vessels and Piping, 2007,84(5):293-297.

[7]　Zhou D,Au F T K,Cheung Y K,et al. Three-dimensional vibration analysis of circular and annular plates via the Chebyshev-Ritz method. International Journal of Solids and Structures,2003,40(12):3089-3105.

[8]　Liew K M,Yang B. Elasticity solutions for free vibrations of annular plates from three-dimensional analysis. International Journal of Solids and Structures,2000,37(52): 7689-7702.

[9]　Tajeddini V,Ohadin A,Sadighi M. Three-dimensional free vibration of variable thickness thick circular and annular isotropic and functionally graded plates on Pasternak foundation. International Journal of Mechanical Sciences,2011,53(4):300-308.

[10]　Kang J H. Three-dimensional vibration analysis of thick,circular and annular plates with nonlinear thickness variation. Computers and Structures,2003,81(16):1663-1675.

[11]　秦慧斌,吕明,王时英. 环盘轴对称振动频率的三维振动里兹法求解. 振动与冲击, 2013,32(17):52-58.

第5章 齿轮纵向谐振系统的设计与实验研究

超声珩齿振动系统的设计是超声珩齿技术的关键,振动系统设计的质量直接影响到超声珩齿的工艺效果。超声珩齿振动系统的设计目标是根据所加工齿轮的形状、尺寸参数特点,确定振动系统的谐振类型;再按照相应谐振类型的非谐振单元振动系统的非谐振设计方法正确设计变幅杆的形状、尺寸参数,使振动系统按照设计的工作频率实现稳定谐振,并将高频振动引入超声珩齿中,获得良好的工艺效果。本章利用非谐振设计方法,对不同类型变幅杆与中小模数分度圆直径在300mm以内的齿轮所组成的超声纵向谐振系统进行理论建模、设计、谐振特性实验,并研究各尺寸参数对谐振系统的谐振特性影响规律,为超声珩齿的工程应用提供理论与实验基础。

5.1 理论分析模型

5.1.1 纵向谐振系统的物理模型

中小模数齿轮超声珩齿中,加工分度圆直径小于100mm、厚径比大于0.3的齿轮适宜利用纵向振动方式设计振动系统;由于齿轮加工机床传动链的复杂性,超声振动大多加在齿轮工件上,变幅杆的另一作用是作为齿轮超声加工的夹持芯轴。齿轮超声珩齿纵向谐振系统由超声波传递装置、回转装置、换能器旋转供电装置共同组成,如图 5-1(a)所示。超声珩齿纵向谐振系统将代替珩齿机 Y4650 的左端头架,珩轮带动齿轮实现加工,齿轮在被动旋转同时,还以 $10\mu m$ 左右振幅在轴向高频振动,来实现超声珩齿加工。

其中超声波传递装置由换能器、传振杆、齿轮纵向谐振变幅器组成,如图 5-1(b)所示。换能器和传振杆为谐振单元,由全谐振设计理论进行设计。纵向谐振变幅器由非谐振单元齿轮工件和变幅杆组成,变幅器耦合振动频率为系统的谐振频率。纵向谐振变幅器的正确设计是纵向谐振系统设计的核心环节。

5.1.2 齿轮纵向谐振变幅器的理论分析模型与频率方程

图 5-2 所示的纵向谐振系统可以看成复合形变幅杆圆锥杆Ⅰ、圆柱杆Ⅱ、齿

（a）纵向谐振系统

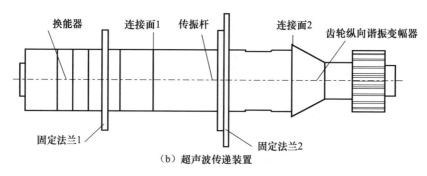

图 5-1　超声珩齿纵向谐振系统与超声波传递装置

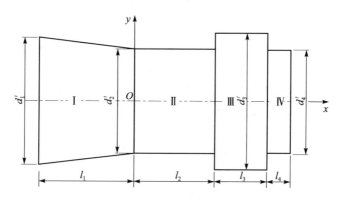

图 5-2　纵向谐振变幅器的振动分析模型

轮简化圆柱Ⅲ、螺母简化圆柱Ⅳ共计四个区域的组合体[1]。坐标系 xOy 建在复合形变幅杆圆锥杆Ⅰ与圆柱杆Ⅱ的连接面中心。l_1、l_2、l_3、l_4 分别为圆锥杆长度、圆柱杆长度、齿轮厚度、螺母厚度；d_1'、d_2'、d_3'、d_4' 分别为圆锥杆大端直径、圆柱杆直径、齿轮分度圆直径、螺母外圆直径。圆锥杆Ⅰ振幅、应变表达式分别为

$$
\begin{cases}
\xi_1 = \dfrac{1}{x - \dfrac{1}{\alpha}} \big[C_{11}\cos(k_1 x) + C_{12}\sin(k_1 x) \big], \quad \alpha = \dfrac{d_1' - d_2'}{d_1 l_1} = \dfrac{N-1}{N l_1} \\[4mm]
\varepsilon_1 = \dfrac{\partial \xi_1}{\partial x} = \dfrac{1}{x - \dfrac{1}{\alpha}} \big[-C_{11} k_1 \sin(k_1 x) + C_{12} k_1 \cos(k_1 x) \big] \\[4mm]
\qquad\quad - \dfrac{1}{\left(x - \dfrac{1}{\alpha}\right)^2} \big[C_{11}\cos(k_1 x) + C_{12}\sin(k_1 x) \big]
\end{cases}
\tag{5-1}
$$

三个圆柱杆 II、III、IV 的振幅、应变表达式分别为

$$
\begin{aligned}
\xi_2 &= C_{21}\cos(k_1 x) + C_{22}\sin(k_1 x) \\
\varepsilon_2 &= -C_{21} k_1 \sin(k_1 x) + C_{22} k_1 \cos(k_1 x) \\
\xi_3 &= C_{31}\cos(k_2 x) + C_{32}\sin(k_2 x) \\
\varepsilon_3 &= -C_{31} k_2 \sin(k_2 x) + C_{32} k_2 \cos(k_2 x) \\
\xi_4 &= C_{41}\cos(k_3 x) + C_{42}\sin(k_3 x) \\
\varepsilon_4 &= -C_{41} k_3 \sin(k_3 x) + C_{42} k_3 \cos(k_3 x)
\end{aligned}
\tag{5-2}
$$

式(5-1)、式(5-2)中，$C_{ij}(i=1,2,3,4;j=1,2)$ 分别为圆锥杆 I，圆柱杆 II、III、IV 相应的位移、应变系数；k_1、k_2、k_3 分别为复合形变幅杆、齿轮、螺母的圆波数，其计算方式为

$$
k_1 = \frac{\omega}{c_1}, \quad k_2 = \frac{\omega}{c_2}, \quad k_3 = \frac{\omega}{c_3}
$$

$$
c_1 = \sqrt{\frac{E_1}{\rho_1}}, \quad c_2 = \sqrt{\frac{E_2}{\rho_2}}, \quad c_3 = \sqrt{\frac{E_3}{\rho_3}}
$$

其中，ω 为变幅器圆频率；c_1、c_2、c_3，E_1、E_2、E_3，ρ_1、ρ_2、ρ_3 分别为复合形变幅杆、齿轮、螺母的纵波波速、弹性模量和密度。振动系统纵向自由振动时，应满足以下边界条件和力、位移连续条件：

(1) 复合形变幅杆圆锥杆 I 左侧端面应满足 $S_1 E_1 \varepsilon_1 \big|_{x=-l_1} = 0$，即

$$
S_1 E_1 \Bigg\{ \frac{1}{-l_1 - \dfrac{1}{\alpha}} \big[C_{11} k_1 \sin(k_1 l_1) + C_{12} k_1 \cos(k_1 l_1) \big]
$$

$$
- \frac{1}{\left(-l_1 - \dfrac{1}{\alpha}\right)^2} \big[C_{11}\cos(k_1 l_1) - C_{12}\sin(k_1 l_1) \big] \Bigg\} = 0 \tag{5-3}
$$

（2）复合形变幅杆圆锥杆 I 右侧端面与圆柱杆 II 左侧端面重合区域，应满足力和位移连续条件 $S_2 E_1 \varepsilon_1 \big|_{x=0} = S_2 E_1 \varepsilon_2 \big|_{x=0}$，即

$$\alpha C_{12} K_1 - \alpha^2 C_{11} - C_{22} K_1 = 0 \tag{5-4}$$

（3）$\xi_1 = \xi_2 \big|_{x=0}$，即

$$\alpha C_{11} - C_{21} = 0 \tag{5-5}$$

（4）复合形变幅杆圆柱杆 II 右侧端面与齿轮简化圆柱 III 左侧端面重合区域，应满足力和位移连续条件 $S_2 E_1 \varepsilon_2 \big|_{x=l_2} = S_3 E_2 \varepsilon_3 \big|_{x=l_2}$，即

$$S_2 E_1 \left[-C_{21} k_1 \sin(k_1 l_2) + C_{22} k_1 \cos(k_1 l_2) \right] \\ - S_3 E_2 \left[-C_{31} k_2 \sin(k_2 l_2) + C_{32} k_2 \cos(k_2 l_2) \right] = 0 \tag{5-6}$$

（5）$\xi_2 = \xi_3 \big|_{x=l_2}$，即

$$C_{21} \cos(k_1 l_2) + C_{22} \sin(k_1 l_2) - C_{31} \cos(k_2 l_2) - C_{32} \sin(k_2 l_2) = 0 \tag{5-7}$$

（6）齿轮简化圆柱 III 右侧端面与螺母简化圆柱 IV 左侧端面重合区域，应满足力和位移连续条件 $S_3 E_2 \varepsilon_3 \big|_{x=l_2+l_3} = S_4 E_3 \varepsilon_4 \big|_{x=l_2+l_3}$，即

$$S_3 E_2 \{ -C_{31} k_2 \sin[k_2(l_2+l_3)] + C_{32} k_2 \cos[k_2(l_2+l_3)] \} \\ - S_4 E_3 \{ -C_{41} k_3 \sin[k_3(l_2+l_3)] + C_{42} k_3 \cos[k_3(l_2+l_3)] \} = 0 \tag{5-8}$$

（7）$\xi_3 = \xi_4 \big|_{x=l_2+l_3}$，即

$$C_{31} \cos[k_2(l_2+l_3)] + C_{32} \sin[k_2(l_2+l_3)] - C_{41} \cos[k_3(l_2+l_3)] \\ - C_{42} \sin[k_3(l_2+l_3)] = 0 \tag{5-9}$$

（8）超声珩齿中变幅杆与齿轮在位移最大处相连，忽略齿轮所受珩削力，齿轮处于自由振动状态。螺母简化圆柱 IV 右侧端面为自由振动端面，所以应满足 $S_4 E_3 \varepsilon_4 \big|_{x=l_2+l_3+l_4} = 0$，即

$$-C_{41} k_3 \sin[k_3(l_2+l_3+l_4)] + C_{42} k_3 \cos[k_3(l_2+l_3+l_4)] = 0 \tag{5-10}$$

式(5-3)~式(5-10)中，S_1、S_2、S_3、S_4 分别是复合形变幅杆左端面、右端面、齿轮、螺母的圆截面面积，设 D_{ij} 是由式(5-3)~式(5-10)确定的纵向谐振变幅器各区域 C_{11}、C_{12}、C_{21}、C_{22}、C_{31}、C_{32}、C_{41}、C_{42} 的系数，式(5-3)~式(5-10)组成含有振动系统谐振频率和尺寸参数的齐次方程组。为使方程组有解且待定系数 C_{11}、C_{12}、C_{21}、C_{22}、C_{31}、C_{32}、C_{41}、C_{42} 不全为零的充要条件是：系数 D_{ij} 矩阵的行列式为零，因此有

$$\Delta = \begin{vmatrix} D_{11} & D_{12} & 0 & 0 & 0 & 0 & 0 & 0 \\ D_{21} & D_{22} & D_{23} & D_{24} & 0 & 0 & 0 & 0 \\ D_{31} & D_{32} & D_{33} & D_{34} & 0 & 0 & 0 & 0 \\ 0 & 0 & D_{43} & D_{44} & D_{45} & D_{46} & 0 & 0 \\ 0 & 0 & D_{53} & D_{54} & D_{55} & D_{56} & 0 & 0 \\ 0 & 0 & 0 & 0 & D_{65} & D_{66} & D_{67} & D_{68} \\ 0 & 0 & 0 & 0 & D_{75} & D_{76} & D_{77} & D_{78} \\ 0 & 0 & 0 & 0 & 0 & 0 & D_{87} & D_{88} \end{vmatrix} = 0 \qquad (5\text{-}11)$$

复合形变幅杆的振幅放大系数 M_p 可由下式计算:

$$M_p = \left| N\left[\cos(k_1 l_1) - \frac{\alpha}{k_1}\sin(k_1 l_1)\right]\frac{1}{\cos(k_1 l_2)} \right| \qquad (5\text{-}12)$$

振动系统的频率方程是振动系统几何尺寸合理化设计的主要依据,当振动系统各组成部分尺寸确定时,可由式(5-11)求得振动系统谐振频率;当振动系统的设计频率已知,只有一个未知尺寸参数时,可由式(5-11)求得该未知尺寸参数。由于材料性能参数、材料声速取值与实际振动系统材料有偏差,以及振动系统的零部件加工装配误差等,使振动系统的实际频率值并不等于其理论设计值。因此,振动系统的设计首先根据频率方程(5-11)、放大系数表达式(5-12)进行初步设计,再通过有限元分析校核、实验模态测量修正,使其频率与超声波发生器及换能器的谐振频率一致,振幅满足实际加工要求[2]。

5.2　齿轮纵向谐振变幅器的设计

中小模数且分度圆直径小于其材料内纵向振动传播波长的 1/4,厚径比大于 0.3 的齿轮,其超声加工适宜利用纵向谐振系统。对于常用的齿轮材料:普通合金碳钢、铝合金 7A04、黄铜合金 HPb59-1,超声加工纵向谐振频率为 20kHz 时,其 1/4 波长分别为 64.85mm、44.98mm、63.65mm。

利用 MATLAB 2011Ra,开发设计程序来求解式(5-11)。设定所求长度 l_2 的初始值、终止值、步进叠加值,l_2 的长度一旦叠加更新,则求解式(5-11)的行列式值。设定求解精度为 1×10^{-5},当 l_2 的取值使得 $|D| \leqslant 1 \times 10^{-5}$ 时,把此时 l_2 的取值作为式(5-11)的数值解。如图 5-3 所示,设计频率为 20kHz、材料为 45 钢的纵向谐振变幅器,当 $d'_1 = 64\text{mm}$、$d'_2 = 32\text{mm}$、$d'_3 = 40\text{mm}$、

$d'_4 = 18\text{mm}$、$l_1 = 30\text{mm}$、$l_3 = 20\text{mm}$、$l_4 = 8\text{mm}$ 时，由频率方程(5-11)确定 l_2 的取值为 48.9mm。通过式(5-12)可求得复合形变幅杆的振幅放大系数 $M_p = 1.534$，计算时所用材料特性参数见表 5-1。

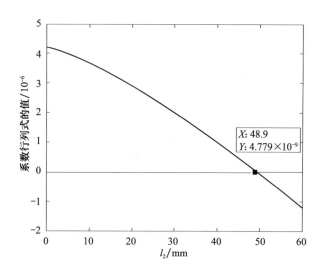

图 5-3　纵向谐振变幅器 l_2 的求解曲线

表 5-1　45 钢材料的性能参数表

材料	性能参数		
	$E/(\text{N/m}^2)$	$\rho/(\text{kg/m}^3)$	μ
45 钢	2.1×10^{11}	7800	0.27

纵向谐振变幅器的左端与传振杆通过螺纹相连，传振杆与纵向振动超声换能器 YP-5520-4Z 通过螺纹相连。换能器纵向振动输出最大振幅为 $8\mu\text{m}$。假设变幅器左端最大输入位移为 ξ_0，则有边界条件 $\xi_1 = \xi_0 |_{x=-l_1}$，即

$$\frac{1}{-l_1 - \dfrac{1}{\alpha}} [C_{11}\cos(k_1 l_1) - C_{12}\sin(k_1 l_1)] = \xi_0 \tag{5-13}$$

式(5-13)与式(5-11)组成超静定方程组，可求得 C_{11}、C_{12}、C_{21}、C_{22}、C_{31}、C_{32}、C_{41}、C_{42} 系数的一组特解，分别将其代入变幅器各组成部分的位移函数，就可以求得变幅器沿 x 方向的纵振位移曲线，如图 5-4 所示。可以看出，其振动波节面在距离左端 44.5mm 处；纵向谐振系统变幅器 98.9mm 处，齿轮右端

面振幅为负向 $11.8\mu m$。

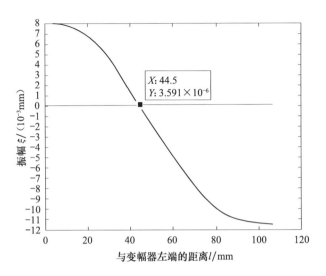

图 5-4　纵向振幅与截面所在 x 坐标的关系曲线

5.3　振动求解模型的 ANSYS 分析验证

按照上述尺寸,利用三维建模软件 SolidWorks 建立齿轮纵向谐振变幅器的三维模型,并转换为 iges 格式模型,再导入有限元分析软件 ANSYS 12.0 (材料特性参数如表 5-1 所示),所选择的分析单元类型为 20 节点的 solid95,6 级智能划分网格。采用 Block Lanczos 模态分析方法,模态扩展设置搜索频率阶数为 30 阶,频率范围为 $1\sim50$kHz。所求得的纵向谐振变幅器的纵向振动频率为 19.25kHz(图 5-5),与理论设计频率 20kHz 相比误差为 3.75%;振幅放大系数 M_p 为 1.586,与理论值 1.534 相比偏差为 3.39%。变幅器大端 ϕ64mm 截面加 x 正向 $8\mu m$ 的位移约束,谐响应分析后,利用后处理 PostProc 功能模块,通过输入纵向谐振变幅器的起始坐标和终止坐标来设定纵向振幅的显示路径。由 PlotPath Item 画出纵向振动位移图如图 5-6 所示,与其理论曲线图 5-4 相比,形态一致。通过 x 向位移为 0 的节点可以精确得出纵向谐振变幅器的振动节面在 44.181mm 处,与理论求解的 44.5mm 偏差 0.72%。纵向谐振变幅器 98.9mm 处,齿轮右端面振幅为负向 $12.38\mu m$,与理论计算的 $11.8\mu m$ 偏差 4.68%。

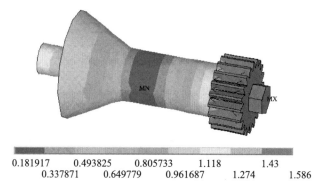

0.181917　　　0.493825　　　0.805733　　　1.118　　　　1.43
　　　0.337871　　　0.649779　　　0.961687　　　1.274　　　1.586

图 5-5　纵向谐振变幅器谐响应分析后的模态振型

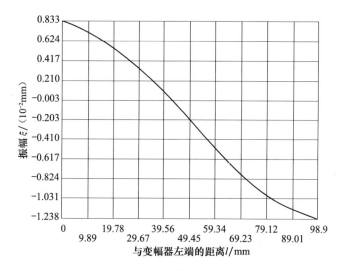

图 5-6　纵向振幅与截面所在 x 坐标的关系曲线

5.4　谐振特性的实验研究

5.4.1　阻抗特性测试分析

　　按照中小模数齿轮纵向谐振变幅器的建模与设计计算方法,设计制作了模数分别为 2mm、2.5mm、3mm,齿数分别为 20、20、27,厚度分别为 20mm、25mm、30mm 的三个圆柱直齿齿轮纵向谐振变幅器,如图 5-7 所示,形状参数见表 5-2。分别将变幅器通过螺纹连接装到传振杆上,通过传振杆上的振动节法兰将其固定在圆形套筒上。为了验证纵向谐振变幅器非谐振设计理论所设计的变幅器谐振性能,利用 PV70A 型阻抗分析仪,对变幅器的特性参数和导纳曲线进行测试分析,测试系统和测试结果如图 5-8 所示。测试结果表明:所设计的变幅器具有较高的机械品质因数,振动效率较高,满足设计要求。

图 5-7　纵向谐振变幅器实物图

表 5-2　齿轮纵向谐振变幅器形状参数表

d_1' /mm	d_2' /mm	d_3' /mm	d_4' /mm	l_1 /mm	l_2 /mm	l_3 /mm	l_4 /mm	m_n /mm	z	δ	f_M /Hz	f_A /Hz	f_E /Hz	f_{EM} /%
64	32	40	18	30	48.9	20	8	2	20	0.5	20000	19250	19102	4.49
64	32	50	20.3	30	34.9	25	10.6	2.5	20	0.5	20000	19108	20240	1.2
70	40	81	50	20	60	30	25.6	3	27	0.36	20000	19878	20609	3.05

(a)

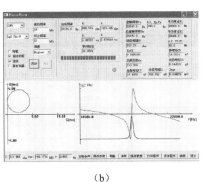

(b)

图 5-8　纵向谐振变幅器的阻抗测试系统与测试结果

$$m_n=3\text{mm}, z=27, l_3=30\text{mm}$$

表 5-2 中, d_1' 为变幅器与传振杆连接面的直径, d_2' 为变幅器圆锥杆的小径(设计面积系数为 2), d_3' 为齿轮分度圆直径, d_4' 为两齿轮中心工艺孔所确定的

相应螺母直径；l_1 为圆锥杆长度，l_3 为齿轮厚度，l_4 为螺母厚度，l_2 为利用频率方程所求纵振系统谐振长度的数值解；δ 为齿轮厚度与齿轮分度圆直径的比值；f_M 代表理论设计频率，f_A 为有限元模态分析频率，f_E 为谐振实验频率，f_{EM} 为谐振实验频率与理论设计频率之间的偏差率，$f_{EM} = |f_E - f_M| / f_M \times 100\%$。

5.4.2 谐振实验与振幅测试

利用中心频率为 20kHz 的 ZJS-2000 型超声波发生器完成谐振实验，实验装置见图 5-9。齿轮超声加工中，变幅器的谐振频率和齿轮的振幅大小及分布是影响齿轮表面加工质量的关键因素。基于德国 Polytec 公司 OFV-505 自动聚焦式激光测振仪搭建了纵向谐振变幅器动力学参数测量系统，如图 5-10 所示。启动超声波发生器，调节其调频螺母使振动系统实现谐振。记录示波器的峰峰电压值为 12.0V，由于实验用激光测振仪的位移解码器为 DD-900，每伏代表 $2\mu m$，纵向谐振变幅器 98.9mm 处齿轮右端面振幅为 $12\mu m$，与理论计算的 $11.8\mu m$ 偏差 1.69%；实际振幅放大系数 M_p 为 1.5，与理论值 1.534 相比误差为 2.27%。

图 5-9   齿轮纵向谐振变幅器的谐振实验装置

$m_n = 3\text{mm}, z = 27, l_3 = 30\text{mm}$

图 5-10　基于高性能多普勒激光测振仪的纵向谐振变幅器动力学参数测量系统
$m_n = 2\text{mm}, z = 20, l_3 = 20\text{mm}$

5.5　齿轮模数与厚度对纵向谐振变幅器谐振频率的影响规律研究

　　齿轮模数、齿数对振动系统谐振特性影响的理论建模极其复杂,因此在齿轮分度圆直径一定的情况下,改变齿轮的模数、齿数组合,利用 ANSYS 的 APDL 语言来求解纵向谐振变幅器的谐振频率。表 5-3、表 5-4 分别为齿轮分度圆直径为 60mm、90mm 时不同模数、齿数组合的齿轮纵向谐振变幅器尺寸参数与对应的低阶谐振频率表。其中,f_M 为理论设计频率,f_A 为按照由非谐振设计方法确定的变幅器尺寸参数建立的有限元模型,在模态分析后的谐振频率;D_{AM} 为有限元模态分析谐振频率与理论设计频率的求解偏差率,图 5-11、图 5-12 分别为其对应的振型图。结果表明:齿轮分度圆直径一定时,模数、齿数的组合对纵向谐振变幅器谐振模态和谐振频率的求解精度影响很小,本书提出的齿轮纵向谐振变幅器的非谐振设计方法可以满足工程应用要求。

表 5-3　分度圆直径一定,模数、齿数不同组合对齿轮纵向谐振变幅器
谐振频率的影响分析表($d_3 = 60\text{mm}$)

m_n /mm	z	β /(°)	d_1' /mm	d_2' /mm	d_3' /mm	d_4' /mm	l_1 /mm	l_2 /mm	l_3 /mm	l_4 /mm	材料	f_M /Hz	f_A /Hz	D_{AM} /%
1.5	40	0	64	32	60	32	30	15	30	18	45 钢	20000	20388	1.94
2	30	0	64	32	60	32	30	15	30	18	45 钢	20000	20377	1.89

续表

m_n /mm	z	β /(°)	d'_1 /mm	d'_2 /mm	d'_3 /mm	d'_4 /mm	l_1 /mm	l_2 /mm	l_3 /mm	l_4 /mm	材料	f_M /Hz	f_A /Hz	D_{AM} /%
2.5	24	0	64	32	60	32	30	15	30	18	45 钢	20000	20385	1.93
3	20	0	64	32	60	32	30	15	30	18	45 钢	20000	20363	1.82
4	15	0	64	32	60	32	30	15	30	18	45 钢	20000	20373	1.87
5	12	0	64	32	60	32	30	15	30	18	45 钢	20000	20302	1.51

表 5-4　分度圆直径一定,模数、齿数不同组合对齿轮纵向谐振变幅器
谐振频率的影响分析表($d_3 = 90$mm)

m_n /mm	z	β /(°)	d'_1 /mm	d'_2 /mm	d'_3 /mm	d'_4 /mm	l_1 /mm	l_2 /mm	l_3 /mm	l_4 /mm	材料	f_M /Hz	f_A /Hz	D_{AM} /%
1.5	60	0	90	60	90	60	35	32	30	15	45 钢	20000	19539	−2.31
2	45	0	90	60	90	60	35	32	30	15	45 钢	20000	19537	−2.32
2.5	36	0	90	60	90	60	35	32	30	15	45 钢	20000	19519	−2.41
3	30	0	90	60	90	60	35	32	30	15	45 钢	20000	19523	−2.39
5	18	0	90	60	90	60	35	32	30	15	45 钢	20000	19469	−2.66
6	15	0	90	60	90	60	35	32	30	15	45 钢	20000	19409	−3.00

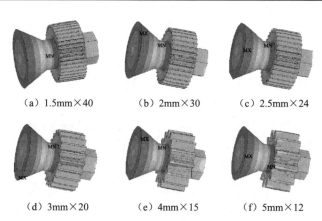

（a）1.5mm×40　　　（b）2mm×30　　　（c）2.5mm×24

（d）3mm×20　　　（e）4mm×15　　　（f）5mm×12

图 5-11　不同模数、齿数组合的齿轮纵向谐振变幅器谐振模态($d_3 = 60$mm)

（a）1.5mm×60　　　（b）2mm×45　　　（c）2.5mm×36

（d）3mm×30　　　　（e）5mm×18　　　　（f）6mm×15

图 5-12　不同模数、齿数组合的齿轮纵向振动变幅器谐振模态（d_3＝90mm）

表 5-5 为齿轮厚度对纵向谐振变幅器谐振频率的影响分析，图 5-13 为不同厚度齿轮纵向谐振变幅器对应的振型图。结果表明：随着齿轮厚度的增加，按照非谐振设计理论设计的纵向谐振变幅器的齿轮纵向振幅逐渐减小；谐振频率先增大，后减少，以厚度 40mm 为变化分界。

表 5-5　齿轮厚度对纵向谐振变幅器谐振频率的影响分析表（d_3＝90mm）

m_n /mm	z	β /(°)	d_1' /mm	d_2' /mm	d_3' /mm	d_4' /mm	l_1 /mm	l_2 /mm	l_3 /mm	l_4 /mm	材料	f_M /Hz	f_A /Hz	D_{AM} /%
3	30	0	90	60	90	60	35	40	20	15	45 钢	20000	19486	−2.57
3	30	0	90	60	90	60	35	32	30	15	45 钢	20000	19523	−2.39
3	30	0	90	60	90	60	35	26	40	15	45 钢	20000	21409	−7.04
3	30	0	90	60	90	60	35	22	50	15	45 钢	20000	18993	−5.03
3	30	0	90	60	90	60	35	17	60	15	45 钢	20000	18923	−5.39

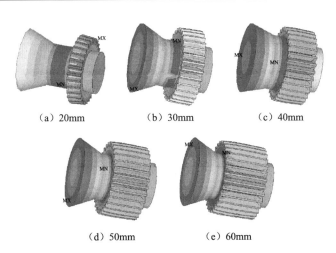

（a）20mm　　　　（b）30mm　　　　（c）40mm

（d）50mm　　　　（e）60mm

图 5-13　不同齿轮厚度的纵向谐振变幅器谐振模态（d_3＝90mm）

由于泊松效应，短粗形状齿轮的纵向振动存在纵径耦合振动，但以纵向振动为主。齿轮的轮齿结构相当于短粗圆柱径向开槽,可抑制横波,减少其径纵振动的耦合振动程度。因此,当齿轮分度圆直径略大于其纵向传播波长的1/4时,仍可采用式(5-11)来设计纵向谐振变幅器。

5.6　其他类型纵向谐振变幅器的频率方程

1. 指数形纵向谐振变幅器

图5-14所示的指数形纵向谐振变幅器可以看作复合形变幅杆指数形杆Ⅰ、圆柱杆Ⅱ、齿轮简化圆柱Ⅲ、螺母简化圆柱Ⅳ共计四个区域的组合体。坐标系 xOy 建在复合形变幅杆指数形杆Ⅰ与圆柱杆Ⅱ的连接面中心。l_1、l_2、l_3、l_4 分别为指数形杆长度、圆柱杆长度、齿轮厚度、螺母厚度;d_1'、d_2'、d_3'、d_4' 分别为指数形杆大端直径、圆柱杆直径、齿轮分度圆直径、螺母外圆直径。指数形杆Ⅰ的振幅、应变表达式分别为

$$
\begin{cases}
\beta' = \dfrac{\ln N}{l_1}, \quad N = \dfrac{d_1'}{d_2'}, \quad k' = \sqrt{k^2 - \beta'^2} \\[2mm]
\xi_1 = e^{\beta'x}\left[C_{11}\cos(k'x) + C_{12}\sin(k'x)\right] \\[2mm]
\dfrac{\partial \xi_1}{\partial x} = \beta' e^{\beta'x}\left[C_{11}\cos(k'x) + C_{12}\sin(k'x)\right] \\[1mm]
\qquad\quad + e^{\beta'x}\left[-C_{11}k'\sin(k'x) + C_{12}k'\cos(k'x)\right]
\end{cases}
\tag{5-14}
$$

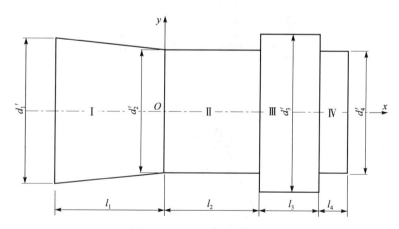

图5-14　指数形纵向谐振变幅器的振动分析模型

按照 5.1 节圆锥形复合纵向谐振变幅器的建模方法,求得指数形纵向谐振变幅器频率方程为

$$\begin{cases} C_{11}\beta' + C_{12}k' = 0 \\ C_{11}e^{\beta'l_1}\cos(k'l_1) + C_{12}e^{\beta'l_1}\sin(k'l_1) - C_{21} = 0 \\ C_{11}e^{\beta'l_1}[\beta'\cos(k'l_1) - k'\sin(k'l_1)] \\ \qquad + C_{12}e^{\beta'l_1}[\beta'\sin(k'l_1) + k'\cos(k'l_1)] - k_1c_{22} = 0 \\ S_2E_1[-C_{21}k_1\sin(k_1l_2) + C_{22}k_1\cos(k_1l_2)] \\ \qquad - S_3E_2[-C_{31}k_2\sin(k_2l_2) + C_{32}k_2\cos(k_2l_2)] = 0 \\ C_{21}\cos(k_1l_2) + C_{22}\sin(k_1l_2) - C_{31}\cos(k_2l_2) - C_{32}\sin(k_2l_2) = 0 \\ S_3E_2\{-C_{31}k_2\sin[k_2(l_2+l_3)] + C_{32}k_2\cos[k_2(l_2+l_3)]\} \\ \qquad - S_4E_3\{-C_{41}k_3\sin[k_3(l_2+l_3)] + C_{42}k_3\cos[k_3(l_2+l_3)]\} = 0 \\ C_{31}\cos[k_2(l_2+l_3)] + C_{32}\sin[k_2(l_2+l_3)] \\ \qquad - C_{41}\cos[k_3(l_2+l_3)] - C_{42}\sin[k_3(l_2+l_3)] = 0 \\ -C_{41}k_3\sin[k_3(l_2+l_3+l_4)] + C_{42}k_3\cos[k_3(l_2+l_3+l_4)] = 0 \end{cases}$$

$$(5\text{-}15)$$

2. 悬链线形纵向谐振变幅器

图 5-15 所示的纵向谐振变幅器可以看作复合形变幅杆悬链线形杆Ⅰ、圆柱杆Ⅱ、齿轮简化圆柱Ⅲ、螺母简化圆柱Ⅳ共计四个区域的组合体。坐标系 xOy 建在复合形变幅杆悬链线形杆Ⅰ与圆柱杆Ⅱ的连接面中心。l_1、l_2、l_3、l_4 分别为悬链线形杆长度、圆柱杆长度、齿轮厚度、螺母厚度;d_1'、d_2'、d_3'、d_4' 分别为悬链线形杆大端直径、圆柱杆直径、齿轮分度圆直径、螺母外圆直径。悬链线形杆Ⅰ的形状系数、振幅、应变表达式分别为

$$\begin{cases} \gamma = \dfrac{\text{arcch}N}{l_1}, \quad N = \dfrac{d_1'}{d_2'}, \quad k'' = \sqrt{k^2 - \gamma^2} \\[2mm] \xi_1 = \dfrac{1}{\text{ch}[\gamma(l_1-x)]}[C_{11}\cos(k''x) + C_{12}\sin(k''x)] \\[2mm] \dfrac{\partial\xi_1}{\partial x} = \dfrac{\gamma\sinh[\gamma(l_1-x)]}{\text{ch}^2[\gamma(l_1-x)]}[C_{11}\cos(k''x) + C_{12}\sin(k''x)] \\[2mm] \qquad + \dfrac{1}{\text{ch}[\gamma(l_1-x)]}[-C_{11}k''\sin(k''x) + C_{12}k''\cos(k''x)] \end{cases}$$

$$(5\text{-}16)$$

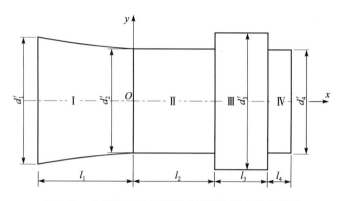

图 5-15　悬链线形纵向谐振变幅器的振动分析模型

按照 5.1 节圆锥形复合纵向谐振变幅器的建模方法求得频率方程为

$$
\begin{cases}
C_{11}\dfrac{\gamma\sinh(\gamma l_1)}{\mathrm{ch}^2(\gamma l_1)}+C_{12}\dfrac{k''}{\mathrm{ch}(\gamma l_1)}=0\\[2mm]
C_{11}\cos(k'' l_1)+C_{12}\sin(k'' l_1)-C_{21}=0\\[1mm]
-C_{11}k''\sin(k'' l_1)+C_{12}k''\cos(k'' l_1)-k_1 c_{22}=0\\[1mm]
S_2 E_1[-C_{21}k_1\sin(k_1 l_2)+C_{22}k_1\cos(k_1 l_2)]\\
\quad-S_3 E_2[-C_{31}k_2\sin(k_2 l_2)+C_{32}k_2\cos(k_2 l_2)]=0\\[1mm]
C_{21}\cos(k_1 l_2)+C_{22}\sin(k_1 l_2)-C_{31}\cos(k_2 l_2)-C_{32}\sin(k_2 l_2)=0\\[1mm]
S_3 E_2\{-C_{31}k_2\sin[k_2(l_2+l_3)]+C_{32}k_2\cos[k_2(l_2+l_3)]\}\\
\quad-S_4 E_3\{-C_{41}k_3\sin[k_3(l_2+l_3)]+C_{42}k_3\cos[k_3(l_2+l_3)]\}=0\\[1mm]
C_{31}\cos[k_2(l_2+l_3)]+C_{32}\sin[k_2(l_2+l_3)]\\
\quad-C_{41}\cos[k_3(l_2+l_3)]-C_{42}\sin[k_3(l_2+l_3)]=0\\[1mm]
-C_{41}k_3\sin[k_3(l_2+l_3+l_4)]+C_{42}k_3\cos[k_3(l_2+l_3+l_4)]=0
\end{cases}
$$

$$\text{(5-17)}$$

5.7　本章小结

本章将分度圆直径小于 100mm、厚径比大于 0.3 的圆柱齿轮简化为与其分度圆等径的圆柱,通过各连接面的位移、力耦合条件和边界条件建立了纵向谐振变幅器的振动模型,推导出了圆锥、指数、悬链复合形纵向谐振变幅器的频率方程。经有限元模态、谐响应分析校核、谐振实验,充分验证了非谐振单元纵向谐振变幅器的设计方法是正确的。

进一步研究表明:分度圆直径不变的条件下,不同模数、齿数的组合对纵向谐振变幅器谐振频率的影响很小,说明忽略齿轮轮齿结构对变幅器谐振的影响是合理的;随着齿轮厚度的增加,所设计的纵向谐振变幅器的齿轮纵向振幅逐渐减小。

参 考 文 献

[1]　佘银柱,吕明,王时英.1/2 波长复合变幅杆的数值设计.太原理工大学学报,2011, 42(6):630-633.

[2]　秦慧斌,吕明,王时英,等.齿轮超声加工纵向振动系统的设计与实验研究.工程设计学报,2013,20(2):140-145.

第6章 齿轮横向弯曲谐振系统的设计与实验研究

本章基于圆柱齿轮横向弯曲振动分析的统一求解模型,通过齿轮与变幅器之间的振动耦合连续条件和各自的边界条件、环盘单元间的振动耦合条件,建立纵弯谐振变幅器振动分析的统一模型;推导出单一圆锥形、悬链线形、指数形、圆锥形复合纵弯谐振变幅器的频率方程;设计不同厚径比的变幅器,通过有限元模态与谐响应分析、谐振实验充分验证非谐振单元纵弯谐振变幅器的设计方法,并研究齿轮参数对谐振系统的影响规律,为超声珩齿的工程应用提供理论与实验基础。

6.1 超声珩齿纵弯谐振系统设计的统一求解模型

中小模数齿轮超声珩齿中,加工分度圆直径大于100mm、厚径比小于0.3的齿轮适宜利用纵弯谐振方式设计谐振系统。由于齿轮加工机床传动链的复杂性,超声振动大多加在工件齿轮上,变幅杆的另一作用是作为齿轮超声加工的夹持芯轴[1]。齿轮超声剃珩纵弯谐振系统由超声波传递装置、回转装置、换能器旋转供电装置共同组成,如图6-1(a)所示。超声珩齿纵弯谐振系统将代替珩齿机Y4650的左端头架,珩轮带动齿轮实现加工,齿轮在被动旋转同时,还以 $10\mu m$ 左右振幅在轴向高频振动,来实现超声珩齿加工[2]。

其中超声波传递装置由换能器、传振杆、纵弯谐振变幅器组成,如图6-1(b)所示。换能器和传振杆为谐振单元,由全谐振设计理论进行设计[3]。纵弯谐振

(a)纵弯谐振系统

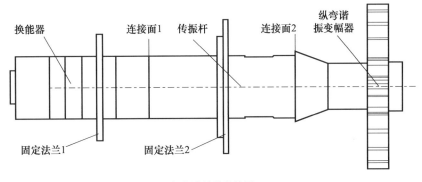

（b）超声波传递装置

图 6-1　齿轮超声珩齿纵弯谐振系统与超声波传递装置

变幅器由非谐振单元加工齿轮和变幅杆组成,变幅器谐振频率为系统的谐振频率。纵弯谐振变幅器的正确设计是纵弯谐振系统设计的核心环节[4]。

6.1.1　纵弯谐振变幅器振动求解的统一模型

带有轮毂、辐板、轮缘的齿轮纵弯谐振变幅器振动分析模型和圆柱坐标系 (r,θ,z) 如图 6-2 所示。其中 L 为单一变幅杆的长度,R_1 为变幅杆的大端半径,R_2 为变幅杆的小端半径,t_1 为齿轮的轮毂厚度,t_2 为齿轮的辐板厚度,t_3 为齿轮的轮缘厚度,R_3 为齿轮中心孔半径,R_4 为齿轮分度圆半径,R_5 为齿

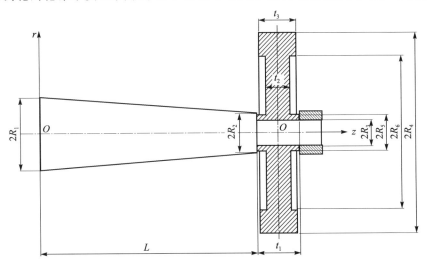

图 6-2　带有轮毂、辐板、轮缘结构的齿轮纵弯谐振变幅器的振动分析模型

轮轮毂圆半径,R_6 为齿轮辐板圆半径。振动分析模型中忽略了螺母对振动系统的影响。超声加工时,纵弯谐振变幅器要求变幅杆做纵向振动,齿轮做轴对称的节圆型横向弯曲振动。变幅杆、齿轮、螺母三者彼此间耦合振动关系复杂,在满足工程应用前提下,特做以下假设:

(1) 齿轮与变幅杆通过螺母螺纹预紧力刚性连接,变幅杆小端面与齿轮轮毂面实现变幅杆纵向振动与齿轮轴对称横向弯曲振动耦合;

(2) 齿轮在螺母预紧力的作用下,直径为 $2R_3$ 的支撑边界条件近似固支,径向转角可以视为零,即 $\beta_r = 0$;

(3) 所建立的振动系统模型忽略螺母、变幅杆上穿过齿轮中心孔芯轴质量本身对振动系统的影响。

当 $t_2 = t_3 < t_1$ 时,带有轮毂、辐板、轮缘的齿轮纵弯谐振变幅器振动分析模型转化为图 6-3 所示的带有轮毂、辐板的齿轮纵弯谐振变幅器振动分析模型;当 $t_2 = t_3 = t_1$ 时,转化为图 6-4 所示的等厚度齿轮的纵弯谐振变幅器振动分析模型。

6.1.2 纵弯耦合谐振条件与边界条件

(1) 因圆锥变幅杆左端面与传振杆的自由端相连接,变幅杆左端为自由端,受力为零,$E \dfrac{\partial \xi}{\partial z}\Big|_{z=0} = 0$,即

$$\alpha^2 C_1 + \alpha k C_2 = 0 \tag{6-1}$$

(2) 变幅杆 $z=L$、$r=R_2$ 与齿轮轮毂 $r=R_3$ 处振动耦合,满足受力相等,$F|_{z=L,\,r=R_2} = Q_{1r}|_{r=R_3}$,即

$$\pi R_2^2 E[k\sin(kL)/(\alpha^{-1} - L) - \cos(kL)/(L - \alpha^{-1})^2]C_1$$
$$+ \pi R_2^2 E[k\cos(kL)/(L - \alpha^{-1}) - \sin(kL)/(L - \alpha^{-1})^2]C_2$$
$$- 2\pi R_3 \frac{Gt_1}{k_\tau}\sigma_{11} J'_{1m}(\delta_{11}, R_3)A_{11} - 2\pi R_3 \frac{Gt_1}{k_\tau}\sigma_{12} J'_{1m}(\delta_{12}, R_3)A_{12}$$
$$- 2\pi R_3 \frac{Gt_1}{k_\tau}\sigma_{11} Y'_{1m}(\delta_{11}, R_3)B_{11} - 2\pi R_3 \frac{Gt_1}{k_\tau}\sigma_{12} Y'_{1m}(\delta_{12}, R_3)B_{12} = 0 \tag{6-2}$$

(3) 变幅杆 $z=L$,$r=R_3$ 处与齿轮轮毂满足位移耦合相等,即变幅杆 $z=L$ 处的纵向振幅与齿轮的 $r=R_3$ 处的横向位移相等,$\xi|_{z=L} = w_1|_{r=R_3}$,即

$$\cos(kL)/(L - \alpha^{-1})C_1 + \sin(kL)/(L - \alpha^{-1})C_2 - J_{1m}(\delta_{11}, R_3)A_{11}$$
$$- J_{1m}(\delta_{12}, R_3)A_{12} - Y_{1m}(\delta_{11}, R_3)B_{11} - Y_{1m}(\delta_{12}, R_3)B_{12} = 0 \tag{6-3}$$

(4) 变幅杆和齿轮通过固定螺母的连接,变幅杆和螺母的连接刚度远大于

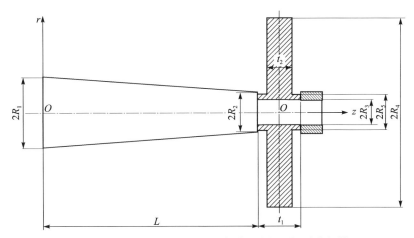

图 6-3　带有轮毂、辐板的齿轮纵弯谐振变幅器振动分析模型

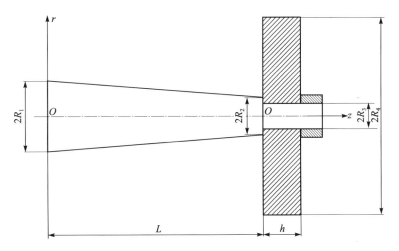

图 6-4　等厚度齿轮的纵弯谐振变幅器振动分析模型

齿轮的弯曲刚度,变幅杆与加工齿轮轮毂内圆柱面可以看作刚性连接,$r=R_3$ 处加工齿轮(中厚圆环板)相当于固定端,所以其径向转角为零,$\beta_{1r}|_{r=R_3}=0$,即

$$(\sigma_{11}-1)J'_{1m}(\delta_{11},R_3)A_{11}+(\sigma_{12}-1)J'_{1m}(\delta_{12},R_3)A_{12}$$
$$+(\sigma_{11}-1)Y'_{1m}(\delta_{11},R_3)B_{11}+(\sigma_{12}-1)Y'_{1m}(\delta_{12},R_3)B_{12}=0 \quad (6\text{-}4)$$

带有轮毂、辐板与轮缘结构的齿轮在横向弯曲振动过程中,为适应齿轮厚度变化并保持轮毂与辐板、辐板与轮缘间连接面的耦合振动连续,两环盘接触区域必须满足以下边界条件:

在轮毂与辐板环盘单元二者耦合振动区域满足位移和内力连续条件,即

$r=R_5$、$t=t_2$ 区域存在以下四个连续条件：

(5) $w_1=w_2$，即

$$J_{1m}(\delta_{11},R_5)A_{11} + J_{1m}(\delta_{12},R_5)A_{12} + Y_{1m}(\delta_{11},R_5)B_{11} + Y_{1m}(\delta_{12},R_5)B_{12}$$
$$- J_{2m}(\delta_{21},R_5)A_{21} - J_{2m}(\delta_{22},R_5)A_{22}$$
$$- Y_{2m}(\delta_{21},R_5)B_{21} - Y_{2m}(\delta_{22},R_5)B_{22} = 0 \qquad (6-5)$$

(6) $\beta_{1r}=\beta_{2r}$，即

$$(\sigma_{11}-1)J'_{1m}(\delta_{11},R_5)A_{11} + (\sigma_{12}-1)J'_{1m}(\delta_{12},R_5)A_{12}$$
$$+ (\sigma_{11}-1)Y'_{1m}(\delta_{11},R_5)B_{11} + (\sigma_{12}-1)Y'_{1m}(\delta_{12},R_5)B_{12}$$
$$- (\sigma_{21}-1)J'_{2m}(\delta_{21},R_5)A_{21} - (\sigma_{22}-1)J'_{2m}(\delta_{22},R_5)A_{22}$$
$$- (\sigma_{21}-1)Y'_{2m}(\delta_{21},R_5)B_{21} - (\sigma_{22}-1)Y'_{2m}(\delta_{22},R_5)B_{22} = 0 \qquad (6-6)$$

(7) $Q_{1r}=Q_{2r}$，即

$$2\pi R_5 \frac{Gt_1}{k_\tau}\sigma_{11}J'_{1m}(\delta_{11},R_5)A_{11} + 2\pi R_5 \frac{Gt_1}{k_\tau}\sigma_{12}J'_{1m}(\delta_{12},R_5)A_{12}$$
$$+ 2\pi R_5 \frac{Gt_1}{k_\tau}\sigma_{11}Y'_{1m}(\delta_{11},R_5)B_{11} + 2\pi R_5 \frac{Gt_1}{k_\tau}\sigma_{12}Y'_{1m}(\delta_{12},R_5)B_{12}$$
$$- 2\pi R_5 \frac{Gt_2}{k_\tau}\sigma_{21}J'_{2m}(\delta_{21},R_5)A_{21} - 2\pi R_5 \frac{Gt_2}{k_\tau}\sigma_{22}J'_{2m}(\delta_{22},R_5)A_{22}$$
$$- 2\pi R_5 \frac{Gt_2}{k_\tau}\sigma_{21}Y'_{2m}(\delta_{21},R_5)B_{21} - 2\pi R_5 \frac{Gt_2}{k_\tau}\sigma_{22}Y'_{2m}(\delta_{22},R_5)B_{22} = 0 \qquad (6-7)$$

(8) $M_{1r}=M_{2r}$，即

$$D_1(\sigma_{11}-1)\left[J''_{1m}(\delta_{11},R_5) + \frac{\mu}{R_5}J'_{1m}(\delta_{11},R_5)\right]A_{11}$$

$$+ D_1(\sigma_{12}-1)\left[J''_{1m}(\delta_{12},R_5) + \frac{\mu}{R_5}J'_{1m}(\delta_{12},R_5)\right]A_{12}$$

$$+ D_1(\sigma_{11}-1)\left[Y''_{1m}(\delta_{11},R_5) + \frac{\mu}{R_5}Y'_{1m}(\delta_{11},R_5)\right]B_{11}$$

$$+ D_1(\sigma_{12}-1)\left[Y''_{1m}(\delta_{12},R_5) + \frac{\mu}{R_5}Y'_{1m}(\delta_{12},R_5)\right]B_{12}$$

$$- D_2(\sigma_{21}-1)\left[J''_{2m}(\delta_{21},R_5) + \frac{\mu}{R_5}J'_{2m}(\delta_{21},R_5)\right]A_{21}$$

$$- D_2(\sigma_{22}-1)\left[J''_{2m}(\delta_{22},R_5) + \frac{\mu}{R_5}J'_{2m}(\delta_{22},R_5)\right]A_{22}$$

$$-D_2(\sigma_{21}-1)\left[Y''_{2m}(\delta_{21},R_5)+\frac{\mu}{R_5}Y'_{2m}(\delta_{21},R_5)\right]B_{21}$$

$$-D_2(\sigma_{22}-1)\left[Y''_{2m}(\delta_{22},R_5)+\frac{\mu}{R_5}Y'_{2m}(\delta_{22},R_5)\right]B_{22}=0 \qquad (6\text{-}8)$$

辐板与轮缘环盘单元在二者耦合振动区域存在位移和内力连续条件，即 $r=R_6$、$t=t_2$ 区域存在以下四个连续条件：

(9) $w_2=w_3$，即

$$J_{2m}(\delta_{21},R_6)A_{21}+J_{2m}(\delta_{22},R_6)A_{22}+Y_{2m}(\delta_{21},R_6)B_{21}+Y_{2m}(\delta_{22},R_6)B_{22}$$
$$-J_{3m}(\delta_{31},R_6)A_{31}-J_{3m}(\delta_{32},R_6)A_{32}$$
$$-Y_{3m}(\delta_{31},R_6)B_{31}-Y_{3m}(\delta_{32},R_6)B_{32}=0 \qquad (6\text{-}9)$$

(10) $\beta_{2r}=\beta_{3r}$，即

$$(\sigma_{21}-1)J'_{2m}(\delta_{21},R_6)A_{21}+(\sigma_{22}-1)J'_{2m}(\delta_{22},R_6)A_{22}$$
$$+(\sigma_{21}-1)Y'_{2m}(\delta_{21},R_6)B_{21}+(\sigma_{22}-1)Y'_{2m}(\delta_{22},R_6)B_{22}$$
$$-(\sigma_{31}-1)J'_{3m}(\delta_{31},R_6)A_{31}-(\sigma_{32}-1)J'_{3m}(\delta_{32},R_6)A_{32}$$
$$-(\sigma_{31}-1)Y'_{3m}(\delta_{31},R_6)B_{31}-(\sigma_{32}-1)Y'_{3m}(\delta_{32},R_6)B_{32}=0 \quad (6\text{-}10)$$

(11) $Q_{2r}=Q_{3r}$，即

$$2\pi R_6\frac{Gt_2}{k_\tau}\sigma_{21}J'_{2m}(\delta_{21},R_6)A_{21}+2\pi R_6\frac{Gt_2}{k_\tau}\sigma_{22}J'_{2m}(\delta_{22},R_6)A_{22}$$
$$+2\pi R_6\frac{Gt_2}{k_\tau}\sigma_{21}Y'_{2m}(\delta_{21},R_6)B_{21}+2\pi R_6\frac{Gt_2}{k_\tau}\sigma_{22}Y'_{2m}(\delta_{22},R_6)B_{22}$$
$$-2\pi R_6\frac{Gt_3}{k_\tau}\sigma_{31}J'_{3m}(\delta_{31},R_6)A_{31}-2\pi R_6\frac{Gt_3}{k_\tau}\sigma_{32}J'_{3m}(\delta_{32},R_6)A_{32}$$
$$-2\pi R_6\frac{Gt_3}{k_\tau}\sigma_{31}Y'_{3m}(\delta_{31},R_6)B_{31}-2\pi R_6\frac{Gt_3}{k_\tau}\sigma_{32}Y'_{3m}(\delta_{32},R_6)B_{32}=0 \quad (6\text{-}11)$$

(12) $M_{2r}=M_{3r}$，即

$$D_2(\sigma_{21}-1)\left[J''_{2m}(\delta_{21},R_6)+\frac{\mu}{R_6}J'_{2m}(\delta_{21},R_6)\right]A_{21}$$
$$+D_2(\sigma_{22}-1)\left[J''_{2m}(\delta_{22},R_6)+\frac{\mu}{R_6}J'_{2m}(\delta_{22},R_6)\right]A_{22}$$
$$+D_2(\sigma_{21}-1)\left[Y''_{2m}(\delta_{21},R_6)+\frac{\mu}{R_6}Y'_{2m}(\delta_{21},R_6)\right]B_{21}$$
$$+D_2(\sigma_{22}-1)\left[Y''_{2m}(\delta_{22},R_6)+\frac{\mu}{R_6}Y'_{2m}(\delta_{22},R_6)\right]B_{22}$$

$$-D_3(\sigma_{31}-1)\left[J''_{3m}(\delta_{31},R_6)+\frac{\mu}{R_6}J'_{3m}(\delta_{31},R_6)\right]A_{31}$$

$$-D_3(\sigma_{32}-1)\left[J''_{3m}(\delta_{32},R_6)+\frac{\mu}{R_6}J'_{3m}(\delta_{32},R_6)\right]A_{32}$$

$$-D_3(\sigma_{31}-1)\left[Y''_{3m}(\delta_{31},R_6)+\frac{\mu}{R_6}Y'_{3m}(\delta_{31},R_6)\right]B_{31}$$

$$-D_3(\sigma_{32}-1)\left[Y''_{3m}(\delta_{32},R_6)+\frac{\mu}{R_6}Y'_{3m}(\delta_{32},R_6)\right]B_{32}=0 \qquad (6\text{-}12)$$

轮缘的自由边界条件:超声珩齿加工过程中,变幅杆也是夹持芯轴,齿轮安装在变幅杆振幅最大端,只有齿面与珩轮啮合切削点受高频脉冲切削力。所以求解振动方程时,忽略超声珩齿加工过程中的切削力,即齿轮轮缘外缘自由,所受剪力为零。

(13) $Q_{3r}|_{r=R_4}=0$,即

$$\frac{Gt_3}{k_\tau}\sigma_{31}J'_{3m}(\delta_{31},R_4)A_{31}+\frac{Gt_3}{k_\tau}\sigma_{32}J'_{3m}(\delta_{32},R_4)A_{32}$$

$$+\frac{Gt_3}{k_\tau}\sigma_{31}Y'_{3m}(\delta_{31},R_4)B_{31}+\frac{Gt_3}{k_\tau}\sigma_{32}Y'_{3m}(\delta_{32},R_4)B_{32}=0 \qquad (6\text{-}13)$$

(14) 齿轮轮缘外缘自由,所受弯矩为零,$M_{3r}|_{r=R_4}=0$,即

$$D_3(\sigma_{31}-1)\left[J''_{3m}(\delta_{31},R_4)+\frac{\mu}{R_4}J'_{3m}(\delta_{31},R_4)\right]A_{31}$$

$$+D_3(\sigma_{32}-1)\left[J''_{3m}(\delta_{32},R_4)+\frac{\mu}{R_4}J'_{3m}(\delta_{32},R_4)\right]A_{32}$$

$$+D_3(\sigma_{31}-1)\left[J''_{3m}(\delta_{31},R_4)+\frac{\mu}{R_4}Y'_{3m}(\delta_{31},R_4)\right]B_{31}$$

$$+D_3(\sigma_{32}-1)\left[Y''_{3m}(\delta_{32},R_4)+\frac{\mu}{R_4}Y'_{3m}(\delta_{32},R_4)\right]B_{32}=0 \qquad (6\text{-}14)$$

式(6-1)~式(6-14)中,w_1、w_2、w_3、β_{1r}、β_{2r}、β_{3r}、Q_{1r}、Q_{2r}、Q_{3r}、M_{1r}、M_{2r}、M_{3r}分别表示齿轮轮毂、辐板、轮缘三个环盘单元的振型挠度、径向转角、剪力、径向弯矩。C_1、C_2是纵弯谐振系统中圆锥变幅杆纵向振动位移函数中的待定系数。A_{11}、A_{12},B_{11},B_{12};A_{21},A_{22},B_{21},B_{22};A_{31},A_{32},B_{31},B_{32}分别是齿轮轮毂环盘单元、齿轮辐板环盘单元、齿轮轮缘环盘单元的振型、内力解析函数中的待定系数。

6.1.3　频率方程的建立

式(6-15)是含有振动系统谐振频率和尺寸参数的齐次方程组,使方程组

$$\Delta =
\begin{vmatrix}
D_{11} & D_{12} & 0 & 0 & 0 & 0 & 0 & 0 & 0 & 0 & 0 & 0 & 0 & 0 \\
D_{21} & D_{22} & D_{23} & D_{24} & D_{25} & D_{26} & 0 & 0 & 0 & 0 & 0 & 0 & 0 & 0 \\
D_{31} & D_{32} & D_{33} & D_{34} & D_{35} & D_{36} & 0 & 0 & 0 & 0 & 0 & 0 & 0 & 0 \\
0 & 0 & D_{43} & D_{44} & D_{45} & D_{46} & 0 & 0 & 0 & 0 & 0 & 0 & 0 & 0 \\
0 & 0 & D_{53} & D_{54} & D_{55} & D_{56} & D_{57} & D_{58} & D_{59} & D_{5,10} & 0 & 0 & 0 & 0 \\
0 & 0 & D_{63} & D_{64} & D_{65} & D_{66} & D_{67} & D_{68} & D_{69} & D_{6,10} & 0 & 0 & 0 & 0 \\
0 & 0 & D_{73} & D_{74} & D_{75} & D_{76} & D_{77} & D_{78} & D_{79} & D_{7,10} & 0 & 0 & 0 & 0 \\
0 & 0 & D_{83} & D_{84} & D_{85} & D_{86} & D_{87} & D_{88} & D_{89} & D_{8,10} & 0 & 0 & 0 & 0 \\
0 & 0 & 0 & 0 & 0 & 0 & D_{97} & D_{98} & D_{99} & D_{9,10} & D_{9,11} & D_{9,12} & D_{9,13} & D_{9,14} \\
0 & 0 & 0 & 0 & 0 & 0 & D_{10,7} & D_{10,8} & D_{10,9} & D_{10,10} & D_{10,11} & D_{10,12} & D_{10,13} & D_{10,14} \\
0 & 0 & 0 & 0 & 0 & 0 & D_{11,7} & D_{11,8} & D_{11,9} & D_{11,10} & D_{11,11} & D_{11,12} & D_{11,13} & D_{11,14} \\
0 & 0 & 0 & 0 & 0 & 0 & D_{12,7} & D_{12,8} & D_{12,9} & D_{12,10} & D_{12,11} & D_{12,12} & D_{12,13} & D_{12,14} \\
0 & 0 & 0 & 0 & 0 & 0 & 0 & 0 & 0 & 0 & D_{13,11} & D_{13,12} & D_{13,13} & D_{13,14} \\
0 & 0 & 0 & 0 & 0 & 0 & 0 & 0 & 0 & 0 & D_{14,11} & D_{14,12} & D_{14,13} & D_{14,14}
\end{vmatrix}
= 0 \tag{6-15}$$

有解且待定系数 C_1、C_2；A_{11}、A_{12}，B_{11}、B_{12}；A_{21}、A_{22}，B_{21}、B_{22}；A_{31}、A_{32}，B_{31}、B_{32} 不全为零的充要条件是：其系数 D_{ij} 矩阵的行列式为零。

振动系统的频率方程(6-15)是振动系统几何尺寸设计的主要依据，当振动系统各组成部分尺寸确定时，可由式(6-15)求得振动系统谐振频率；当振动系统的设计频率已知，只有一个未知尺寸参数时，可由式(6-15)求得该未知尺寸参数。由于材料性能参数、材料声速取值与实际振动系统材料有偏差，以及振动系统的零部件加工装配误差等，使振动系统的实际频率值并不等于其理论设计值。因此，振动系统的设计首先根据频率方程(6-15)进行初步设计，再通过有限元分析校核、实验模态测量修正，使其频率与超声波发生器及换能器的谐振频率一致，振幅满足实际加工要求。

6.1.4　纵弯谐振变幅器的位移特性求解

圆锥变幅杆的左端与换能器连接，变幅杆左端最大输入位移等于换能器的最大纵向振幅，记为 ξ_0，则由圆锥变幅杆的位移函数可得

$$\xi_0 = -\alpha \times C_1 \tag{6-16}$$

将式(6-16)与式(6-1)～式(6-14)组成一个超静定方程组，由此可以解得待定系数 C_1、C_2；A_{11}、A_{12}，B_{11}、B_{12}；A_{21}、A_{22}，B_{21}、B_{22}；A_{31}、A_{32}，B_{31}、B_{32} 的一组特解。将系数 C_1、C_2 代入圆锥变幅杆的位移函数、应变函数就可以求得变幅杆与齿轮谐振时其轴向振幅分布和最大应变分布。将 A_{11}、A_{12}，B_{11}、B_{12}；A_{21}、A_{22}，B_{21}、B_{22}；A_{31}、A_{32}，B_{31}、B_{32} 分别代入齿轮轮毂环盘单元、齿轮辐板环盘单元、齿轮轮缘环盘单元的挠度函数式，可以求得齿轮弯曲振动时沿径向的振幅分布。

6.1.5　振动求解模型的 ANSYS 分析验证

纵弯谐振变幅器材料为 45 钢，计算时所用材料特性参数见表 5-1。超声纵弯谐振系统理想工作频率为 20kHz，利用 YP-5520-4Z 型纵向振动换能器，其外径参数为 55mm，为了获得理想的传振效果，与换能器相连接的圆锥形变幅杆的大端直径设计为 60mm，即 $R_1 = 30$mm，小端直径为 30mm，即 $R_2 = 15$mm。结合珩齿机珩轮主轴头和工作台、珩齿谐振系统与后顶尖间的空间尺寸，变幅杆长度的求解范围进一步确定为 50～300mm。利用 MATLAB 2011Ra，开发设计程序对频率方程(6-15)进行数值求解，设计圆锥形变幅杆的未知长度 L。针对不同的类型齿轮所设计的变幅器形状尺寸参数见表 6-1。

表 6-1　不同类型齿轮的纵弯谐振变幅器尺寸参数

齿轮类型	R_1 /mm	R_2 /mm	R_3 /mm	R_4 /mm	R_5 /mm	R_6 /mm	L /mm	t_1 /mm	t_2 /mm	t_3 /mm	f_M /Hz	f_A /Hz	f_{AM} /Hz
轮毂、辐板、轮缘	30	15	10	75	14	60	161	34	20	30	20000	19275	3.62%
轮毂、辐板	30	15	10	75	14	*	166.1	30	20	20	20000	19899	0.5%
均匀厚度齿轮	30	15	10	75	*	*	185.5	30	30	30	20000	19615	1.93%

注:"*"表示无此项尺寸。

　　为验证提出的纵弯谐振系统振动分析模型的正确性,采用三维设计软件 SolidWorks 2011 按照表 6-1 所示尺寸参数建立变幅器的三维模型,并转化为 iges 格式,导入 ANSYS 12.0,设定分析类型为模态分析,定义单元类型为 Solid Brick 20node95,材料性能参数输入与理论数值设计计算时一致,选用 6 级智能网格划分。选择 Block Lanczos 法进行模态分析,模态扩展设置搜索频率阶数为 30 阶,搜索频率范围为 1~30kHz。有限元模态分析求出变幅器纵弯谐振频率见表 6-1 中 f_A 一列,其中对应的纵弯谐振变幅器分析模型与谐振模态如图 6-5 所示。

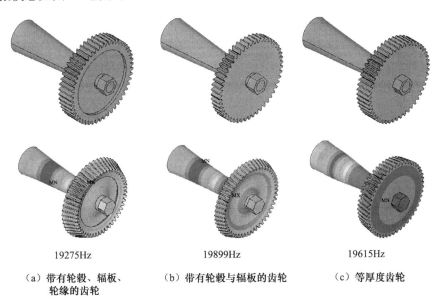

19275Hz	19899Hz	19615Hz
(a) 带有轮毂、辐板、轮缘的齿轮	(b) 带有轮毂与辐板的齿轮	(c) 等厚度齿轮

图 6-5　不同类型齿轮的纵弯谐振变幅器分析模型与谐振模态

　　按照纵弯谐振系统的位移特性的理论求解思路,利用 MATLAB 2011Ra 绘制三种变幅器对应的变幅杆截面纵向振幅与截面所在 z 向坐标的关系曲线、齿轮节圆型横向弯曲振型与径向坐标的关系曲线。变幅器大端 ϕ60mm 截面添加 z 正向 $8\mu m$ 的位移约束,谐响应分析后,利用后处理 PostProc 功能模块,通过输入所分析变幅器变幅杆和齿轮的起始坐标和终止坐标来设定纵向振幅的显示路径。由 PlotPath Item 画出纵向振动位移图,如图 6-6、图 6-7 所示。有限元谐响应分析所得曲线与其理论曲线图对比,振幅大小形态一致。通过 z 向位移为 0 的节点可以精确得出变幅杆的振动节面位置和齿轮振动节圆所在径向位置,见表 6-2,有限元谐响应与理论求解结果偏差为都小于 5%。由此证明:所建立的纵弯谐振模型,边界条件、力和位移振动耦合条件是恰当的;变幅器非谐振设计方法是正确的。

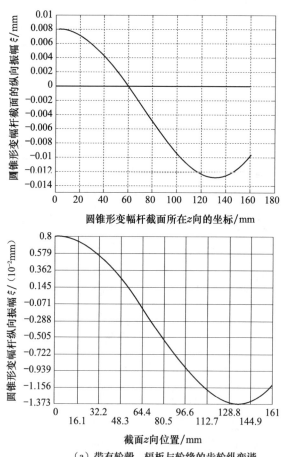

（a）带有轮毂、辐板与轮缘的齿轮纵弯谐
振变幅器变幅杆纵向振幅求解对比

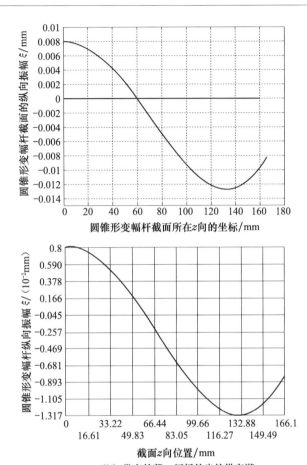

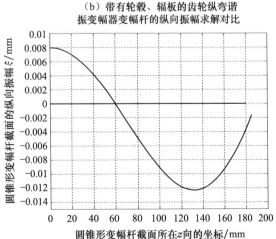

（b）带有轮毂、辐板的齿轮纵弯谐
振变幅器变幅杆的纵向振幅求解对比

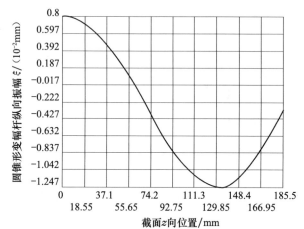

（c）均匀厚度齿轮纵弯谐振变幅器的变幅杆纵向振幅求解对比

图 6-6　不同齿轮的纵弯谐振变幅器变幅杆纵向振幅的理论数值求解
与有限元谐响应分析的对比

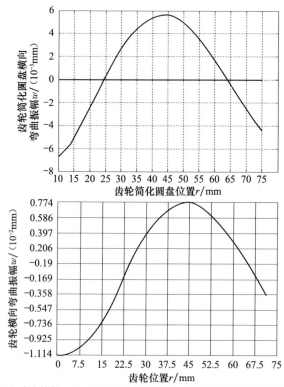

（a）带有轮毂、辐板与轮缘的齿轮纵弯谐振变幅器的齿轮横向振幅求解对比

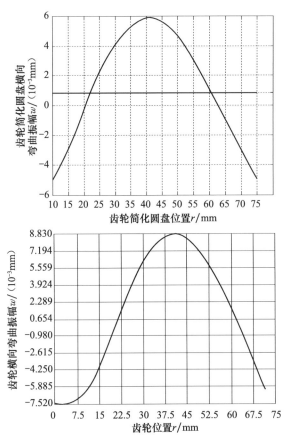

（b）带有轮毂、辐板的齿轮纵弯谐振变幅器的齿轮横向振幅求解对比

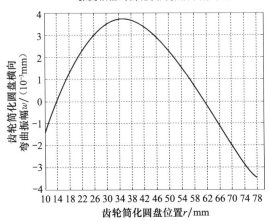

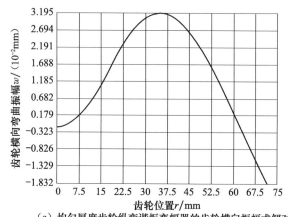

（c）均匀厚度齿轮纵弯谐振变幅器的齿轮横向振幅求解对比

图 6-7　纵弯谐振变幅器齿轮节圆型横向弯曲振幅的理论数值求解
与有限元谐响应分析的对比

表 6-2　不同齿轮的纵弯谐振变幅器关键点振幅求解结果对比表

纵弯谐振变幅器的类型	理论数值求解结果				ANSYS 谐响应分析验证结果			
	z_0/mm	$\xi_{\max}/\mu\text{m}$	r_{01}/mm	r_{02}/mm	z_0/mm	$\xi_{\max}/\mu\text{m}$	r_{01}/mm	r_{02}/mm
轮毂、辐板、轮缘	59.81	−12.92	24.51	64.36	60.62	−13.53	25.12	63.9
轮毂、辐板	59.91	−12.68	20.72	62.83	58.63	−13.17	20.18	62.37
均匀厚度齿轮	60.16	−12.31	13.91	60.99	60.53	−12.47	14.18	61.38

表 6-2 中，z_0 表示变幅杆振动节面位置，$\xi_{\max}$ 表示变幅杆的纵向最大振幅，r_{01} 表示齿轮节圆型横向弯曲振动第一节圆所在半径位置，r_{02} 表示齿轮节圆型横向弯曲振动第二节圆所在半径位置。

6.2　超声珩齿纵弯谐振变幅器的设计与谐振特性实验研究

6.2.1　纵弯谐振变幅器的设计与有限元分析

1. 纵弯谐振变幅器的设计

已知齿轮工件参数见表 6-3，材料为 45 钢，材料特性参数见表 5-1。超声纵弯谐振系统理想工作频率为 20kHz，利用 YP-5520-4Z 型纵向振动换能器，其外径参数为 55mm,为了获得理想的传振效果,与换能器相连接的圆锥形变幅杆的大端半径设计为 $R_1 = 28$mm,小端半径设计为 $R_2 = 14$mm。圆锥形变幅杆的未知长度 L。利用 MATLAB 2011Ra,开发设计程序来求解频率方程(6-15)。频率数值计算范围为 $0 \sim 45$kHz,变幅杆分析长度为 $0 \sim 300$mm,频率方程解的误差 Δ 与工作频率和变幅杆长度的关系如图 6-8 所示。误差为零的平面上方有波峰,下方有波谷,频率方程解的误差曲面上有许多零点。这表明在给定的参数变化范围内,对应不同频率,有许多满足频率方程解的变幅杆长度。根据超声波发生器的工作频率,取设计频率为 20kHz,结合珩齿机珩轮主轴头和工作台、珩齿谐振系统与后顶尖间的空间尺寸,变幅杆长度的求解范围进一步确定为 $50 \sim 250$mm,数值求解曲线如图 6-9 所示,设计确定 L的取值为 174.1mm。

表 6-3　齿轮工件参数

模数 m_n/mm	齿数 z	压力角 α/(°)	齿顶高系数 h_a^*	径向变位系数 x	齿轮厚度 h/mm	中心孔 d_1/mm
3	50	20	1	0	20	20

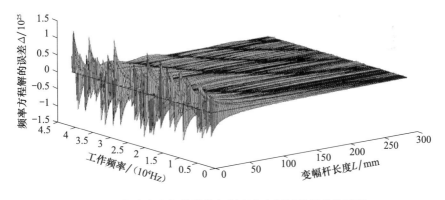

图 6-8　频率方程解的误差与频率和变幅杆长度的关系图

2. 纵弯谐振变幅器的有限元模态分析对比

按照上述尺寸,利用三维建模软件 SolidWorks 建立纵弯谐振变幅器的三维模型,并转换为 iges 格式模型,再导入有限元分析软件 ANSYS 12.0,材料特性参数如表 5-1 所示,所选择的分析单元类型为 20 节点的 solid95,6 级智能划分网格。采用 Block Lanczos 模态分析方法,模态扩展设置搜索频率阶数为 30

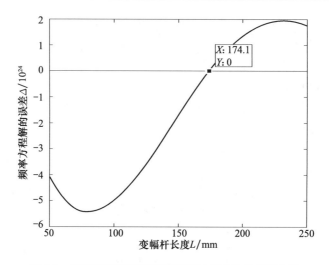

图 6-9　纵弯谐振变幅器非谐振设计理论数值求解曲线

阶,频率范围为 1~50kHz。所求得的纵弯谐振变幅器的谐振频率为 19.921kHz,如图 6-10 所示,与理论设计频率 20kHz 相比,偏差率为 0.37%。

图 6-10　纵弯谐振变幅器谐振频率与模态

3. 纵弯谐振变幅器的有限元谐响应分析对比

变幅器大端 ϕ56mm 截面加 z 正向 8μm 的位移约束,谐响应分析后,利用后处理 PostProc 功能模块,通过输入纵弯谐振系统变幅器的起始坐标和终止坐标来设定纵向振幅的显示路径。由 PlotPath Item 画出纵向振动位移图如图 6-11(b)所示,与其理论曲线图 6-11(a)相比,形态一致。通过 z 向位移为 0 的节点可以精确得出纵向谐振变幅杆的振动节面在 60.4mm 处,与理论求解的 59.8mm 偏差 1.00%。最大纵向振动截面位于 130.45mm,纵向振幅为 12.82μm,与理论求解的最大纵向振动截面位于 131.8mm,纵向振幅为 12.77μm,偏差分别为 0.95%、0.39%。齿轮节圆型横向弯曲振幅分布的理论数值求解曲线与有限元谐响应分析曲线分别见图 6-12(a)、(b),理论数值求解齿轮节圆型横向弯曲振动节线分别位于齿轮半径 21.3mm、62.3mm 处,有限元谐响应分析后,齿轮节圆型横向弯曲振动节线分别位于齿轮半径 20.98mm、62.2mm 处,整个齿面振幅为 4.069~6.824μm。

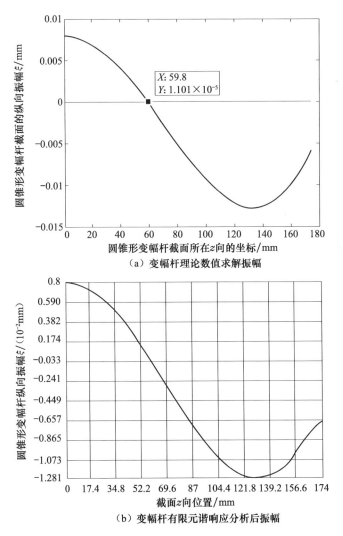

（a）变幅杆理论数值求解振幅

（b）变幅杆有限元谐响应分析后振幅

图 6-11　纵弯谐振变幅器中齿轮的振幅分布曲线

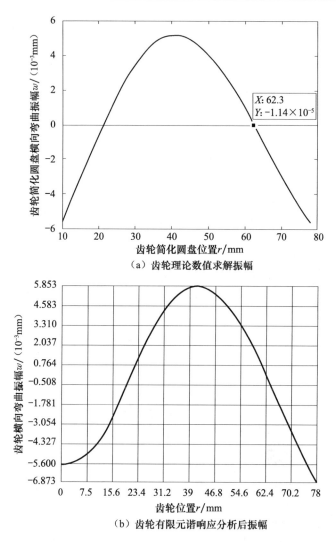

（a）齿轮理论数值求解振幅

（b）齿轮有限元谐响应分析后振幅

图 6-12　纵弯谐振变幅器中齿轮的振幅分布曲线

4. 纵弯谐振变幅器的放大系数

变幅杆的放大系数定义为输出端振幅 ξ_2 与输入端振幅 ξ_1 的比值，齿轮节圆型横向弯曲振幅放大系数定义为齿轮分度圆直径处横向弯曲振幅 w_{r4} 与齿轮中心孔处的横向弯曲振幅 w_{r3} 的比值。齿轮变幅器振幅放大系数定义为：齿轮分度圆直径处横向弯曲振幅 w_{r4} 与变幅杆输入端振幅 ξ_1 的比值。

本设计实例中变幅杆的理论放大系数为：$5.814/8＝0.7268$；齿轮振幅理论放大系数为 $4.766/5.75＝0.8289$；变幅器振幅理论放大系数为 $4.766/8＝0.5958$。

6.2.2　纵弯谐振变幅器的谐振实验分析

表 6-4 为针对模数为 3mm，齿数为 50 齿，厚度分别为 15mm、20mm、30mm 的圆柱标准直齿轮，采用前述方法所设计的纵弯谐振变幅器参数，以及其理论设计工作频率、有限元模态分析频率和谐振实验频率对照表。可以看出，在分度圆直径一定情况下，随着齿轮的厚度增加，变幅杆的长度增长。为验证非谐振设计理论的正确性，加工了与表 6-4 尺寸参数相对应的变幅器，如图 6-13(a)所示。YP-5520-4Z 换能器与 20kHz 传振杆通过螺纹相连接，利用传振杆上的振动节法兰固定在内套筒上，变幅器通过 M18×1.5 的细牙螺纹连接、紧固，并注意在连接接触面均匀涂凡士林(增加传振效果)；换能器电源线与超声波发生器 ZJS-2000 相连，组成超声纵弯谐振系统，如图 6-14 所示。通过调节超声波发生器的调频螺母，使其呈现谐振状态(齿轮盘面水珠雾化现象明显)，记录能够实现稳定谐振的频率，见表 6-4 中 f_E 一列。

表 6-4　超声纵弯谐振变幅器设计参数与谐振频率表

变幅器序号	R_1/mm	R_2/mm	R_3/mm	R_4/mm	L/mm	h/mm	f_M/Hz	f_A/Hz	f_E/Hz
1	28	14	10	75	152.77	15	20000	19361	19519
2	28	14	10	75	174.1	20	20000	19921	19876
3	28	14	10	75	186.07	30	20000	19232	19396

(a) 纵弯谐振变幅器实物　　　(b) 2号变幅器的齿轮盘面节圆振型

图 6-13　齿轮纵弯谐振变幅器与节圆振型

（a）　　　　　　　　　　　　　（b）

图 6-14　超声纵弯谐振实验系统（1、3 号变幅器）

关闭超声波发生器，在齿轮盘面均匀地撒上 120# 碳化硅砂粒，重新启动超声波发生器，此时齿轮盘面上的碳化硅砂粒瞬间聚集，形成两条圆形节线，如图 6-13(b) 所示，表明齿轮的谐振模态为节圆型横向弯曲振动，用游标卡尺测得两节圆直径分别为 43.12mm 和 124.26mm，与有限元模态分析十分一致。

齿轮超声加工振动系统谐振特性的多普勒激光测振仪测量系统如图 5-10 所示，主要利用激光多普勒原理对齿轮振动端面进行测量。首先由超声波发生器 ZJS-2000 产生正弦或余弦信号，经功率放大器将电压信号扩大，加载到超声换能器的压电陶瓷上，激光测振仪接收到齿轮振动端面的响应信号，并由示波器显示出响应信号的电压幅值，再进而转换为振动速度和振幅。图 6-15 为齿轮盘面振幅随其半径的关系曲线图。可见，由激光测振仪所测

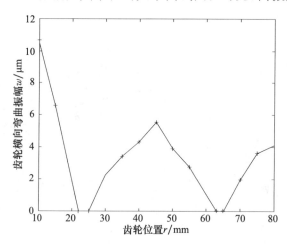

图 6-15　实测齿轮振幅曲线图

齿轮盘面振幅随其半径的关系曲线与理论数值求解和有限元谐响应分析所得曲线形态一致,齿轮横向弯曲振动两条节线分别位于半径 $20\sim25$mm 和 $60\sim65$mm 范围内,齿轮节线以上齿面的振幅为 $3.6\sim4.1\mu$m。

　　为了分析纵弯变幅器的阻抗性能,利用 PV70A 型阻抗分析仪,对变幅器的特性参数和导纳曲线进行测试分析,测试系统如图 6-16 所示,测试结果如图 6-17 所示。测试结果表明,所设计的变幅器具有较高的机械品质因数,振动效率较高,满足设计要求。

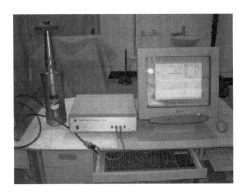

图 6-16　齿轮变幅器阻抗分析系统图

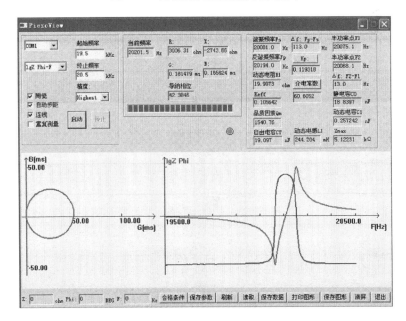

图 6-17　变幅器的阻抗特性参数和导纳曲线

6.2.3　设计方法对变幅器尺寸参数的适应性研究

1. 齿轮形状参数对圆锥形变幅杆长度的影响规律研究

依据非谐振单元振动系统的设计方法所建立的圆锥形变幅杆与齿轮组成的纵弯谐振变幅器频率方程,利用 MATLAB 2011Ra 软件计算,分析了齿轮分度圆直径、厚度、中心孔半径与变幅杆长度的关系,关系曲线分别见图 6-18～图 6-20。从图中可以看出:

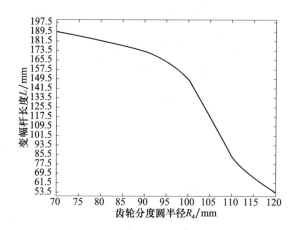

图 6-18　变幅杆长度 L 与齿轮分度圆半径 R_4 的关系曲线

$R_1=28\text{mm}, R_2=14\text{mm}, R_3=10\text{mm}, t=30\text{mm}$

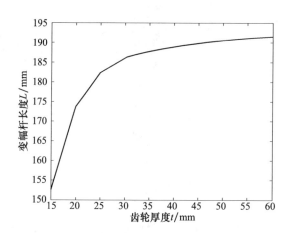

图 6-19　变幅杆长度 L 与齿轮厚度 t 的关系曲线

$R_1=28\text{mm}, R_2=14\text{mm}, R_3=10\text{mm}, R_4=75\text{mm}$

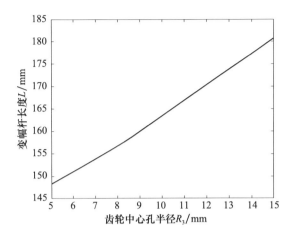

图 6-20　变幅杆长度 L 与齿轮中心孔半径 R_3 的变化曲线
$R_1=30\text{mm},R_2=20\text{mm},R_4=75\text{mm},t=20\text{mm}$

（1）在齿轮厚度和中心孔半径不变的条件下，随着齿轮分度圆半径增大，变幅杆谐振长度逐渐变短。

（2）在齿轮分度圆半径和中心孔半径不变的条件下，随着齿轮厚度增大，变幅杆谐振长度逐渐变长，这与表 6-4 中所设计的超声纵弯谐振变幅器所得到的实验规律一致。

（3）在齿轮分度圆半径和厚度不变的条件下，随着齿轮中心孔半径增大，变幅杆谐振长度逐渐变长。

2. 模数、齿数组合对纵弯谐振变幅器谐振频率的影响规律研究

由于非谐振单元振动系统的设计理论无法考虑齿轮模数、螺旋角对其振动系统谐振频率的影响研究，利用 ANSYS APDL 语言分析了模数对纵弯谐振系统谐振频率的影响规律，具体数据见表 6-5，具体振动模态见图 6-21。D_{AM} 表示有限元模态分析频率 f_{A} 与理论设计频率值 f_{M} 相比较的偏差率。结论如下：

表 6-5　分度圆直径一定不同模数、齿数组合对纵弯谐振变幅器谐振频率影响规律分析表

m_{n}/mm	z	$\beta/(°)$	材料	R_1/mm	R_2/mm	L/mm	R_3/mm	R_4/mm	h/mm	f_{M}/Hz	f_{A}/Hz	D_{AM}/%
2	75	0	45 钢	28	14	174	10	75	20	20000	19851	0.75
2.5	60	0	45 钢	28	14	174	10	75	20	20000	19832	0.84
3	50	0	45 钢	28	14	174	10	75	20	20000	19799	1.01

续表

m_n/mm	z	$\beta/(°)$	材料	R_1/mm	R_2/mm	L/mm	R_3/mm	R_4/mm	h/mm	f_M/Hz	f_A/Hz	D_{AM}/%
5	30	0	45 钢	28	14	174	10	75	20	20000	19670	1.65
6	25	0	45 钢	28	14	174	10	75	20	20000	19587	2.07
10	15	0	45 钢	28	14	174	10	75	20	20000	19212	3.94

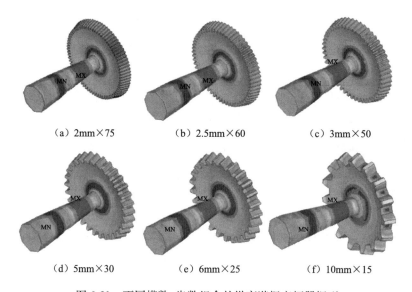

（a）2mm×75　　　（b）2.5mm×60　　　（c）3mm×50

（d）5mm×30　　　（e）6mm×25　　　（f）10mm×15

图 6-21　不同模数、齿数组合的纵弯谐振变幅器振型

在齿轮分度圆直径一定的情况下,随着模数的增加,振动系统谐振频率逐渐减小,与理论设计频率的偏差逐渐增大,但都在超声珩齿加工许可的范围之内[ZJS-2000 型超声波发生器的频率调节范围为(20±2)kHz]。以上分析说明,利用非谐振单元振动系统设计理论设计的纵弯谐振变幅器,可以满足中小模数、齿数齿轮的超声剃珩加工要求。

3. 均布减重孔对纵弯谐振变幅器谐振频率的影响规律研究

利用 ANSYS APDL 语言模态分析方法,分析了均布减重孔对纵弯谐振变幅器谐振频率的影响规律。不同数量均布减重孔纵弯谐振变幅器对应的谐振模态如图 6-22 所示。其中变幅器参数见表 6-5,孔直径为 20mm。对应的纵弯谐振变幅器谐振频率如表 6-6 所示。其中,f_M 表示未考虑均布减重孔的理论设计频率,f_{AWK} 表示未考虑均布减重孔的有限元模态分析频率,f_{AK} 表示考虑均布减重孔的有限元模态分析频率;f_{dWK} 表示 f_{AWK} 与 f_M 相比较的偏差率,f_{dK} 表示 f_{AK} 与 f_M 相比较的偏差率。

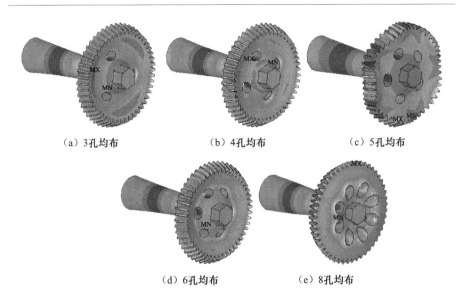

（a）3孔均布 （b）4孔均布 （c）5孔均布

（d）6孔均布 （e）8孔均布

图 6-22 不同数量均布减重孔的纵弯谐振变幅器谐振模态

表 6-6 不同数量均布减重孔的纵弯谐振变幅器谐振频率对比表

均布孔数量 n	f_M/Hz	f_{AWK}/Hz	f_{AK}/Hz	f_{dWK}/%	f_{dK}/%
3	20000	19799	19607	1.01	1.965
4	20000	19799	19496	1.01	2.52
5	20000	19799	19251	1.01	3.745
6	20000	19799	19157	1.01	4.215
8	20000	19799	18628	1.01	6.86

　　不同直径的 6 均布孔纵弯谐振变幅器对应的谐振模态如图 6-23 所示。其中变幅器参数同上，孔直径大小分别 10mm、15mm、20mm、25mm、30mm。对应的纵弯谐振变幅器谐振频率见表 6-7 所示。

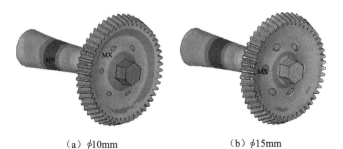

（a）ϕ10mm （b）ϕ15mm

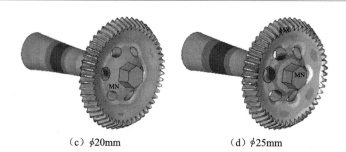

(c) $\phi 20\text{mm}$ (d) $\phi 25\text{mm}$

图 6-23 不同直径的 6 均布孔的纵弯谐振变幅器对应的谐振模态

表 6-7 不同直径的 6 均布孔纵弯谐振变幅器谐振频率对比表

孔直径/mm	f_M/Hz	f_{AWK}/Hz	f_{AK}/Hz	f_{dWK}/%	f_{dK}/%
10	20000	19799	19762	1.01	1.19
15	20000	19799	19543	1.01	2.285
20	20000	19799	19157	1.01	4.215
25	20000	19799	18493	1.01	7.535

表 6-6 和表 6-7 表明:随着均布减重孔的直径增大、数量增多,变幅器的谐振频率单调降低,与理论设计频率求解偏差也在增大,但都在超声珩齿加工许可的范围之内[ZJS-2000 型超声波发生器的频率调节范围为(20±2)kHz]。以上分析说明,利用非谐振单元振动系统设计理论设计的带有减重孔的齿轮纵弯谐振变幅器可以满足中小模数、齿数齿轮的超声珩齿加工要求。

6.3 其他类型变幅杆与齿轮组成的纵弯谐振变幅器设计与谐振特性分析

6.1 节以圆锥形变幅杆与齿轮的组合为例,研究了纵弯谐振变幅器的非谐振设计方法。该研究方法同样适用于指数形、悬链线形、复合形变幅杆与齿轮组合的纵弯谐振变幅器设计,不同之处在于变幅器频率方程不同[5]。

6.3.1 指数形纵弯谐振变幅器

指数形纵弯谐振变幅器分析模型和圆柱坐标系如图 6-24 所示,其中,R_1 为变幅杆的大端半径,R_2 为变幅杆的小端半径,R_3 为齿轮的中心孔半径,R_4 为齿轮分度圆半径,L 为指数形变幅杆的长度,h 为齿轮的厚度。图 6-24 中指数形变幅杆的位移、应变表达式参见式(5-14)。按照 6.1 节的建模方法,可以求得指数形纵弯谐振变幅器的频率方程:

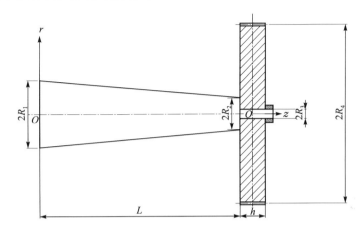

图 6-24　指数形纵弯谐振变幅器的振动分析模型

$$
\begin{cases}
\beta' C_1 + k' C_2 = 0 \\[4pt]
\pi R_2^2 E e^{\beta l} \left[\beta \cos(k'L) - k' \sin(k'L) \right] C_1 + \pi R_2^2 E e^{\beta l} \left[\beta' \sin(k'L) + k' \cos(k'L) \right] C_2 \\[2pt]
\quad - 2\pi R_2 \dfrac{Gh}{k_\tau} \sigma_1 J_m'(\delta_1, R_3) A_1 - 2\pi R_2 \dfrac{Gh}{k_\tau} \sigma_2 J_m'(\delta_2, R_3) A_2 \\[2pt]
\quad - 2\pi R_2 \dfrac{Gh}{k_\tau} \sigma_1 Y_m'(\delta_1, R_3) B_1 - 2\pi R_2 \dfrac{Gh}{k_\tau} \sigma_2 Y_m'(\delta_2, R_3) B_2 = 0 \\[2pt]
e^{\beta L} \cos(k'L) C_1 + e^{\beta L} \sin(k'L) C_2 - J_m(\delta_1, R_3) A_1 - J_m(\delta_2, R_3) A_2 \\[2pt]
\quad - Y_m(\delta_1, R_3) B_1 - Y_m(\delta_2, R_3) B_2 = 0 \\[2pt]
(\sigma_1 - 1) J_m'(\delta_1, R_3) A_1 + (\sigma_2 - 1) J_m'(\delta_2, R_3) A_2 \\[2pt]
\quad + (\sigma_1 - 1) Y_m'(\delta_1, R_3) B_1 + (\sigma_2 - 1) Y_m'(\delta_2, R_3) B_2 = 0 \\[2pt]
\dfrac{Gh}{k_\tau} \sigma_1 J_m'(\delta_1, R_4) A_1 + \dfrac{Gh}{k_\tau} \sigma_2 J_m'(\delta_2, R_4) A_2 \\[2pt]
\quad + \dfrac{Gh}{k_\tau} \sigma_1 Y_m'(\delta_1, R_4) B_1 + \dfrac{Gh}{k_\tau} \sigma_2 Y_m'(\delta_2, R_4) B_2 = 0 \\[2pt]
D(\sigma_1 - 1) \left[J_m''(\delta_1, R_4) + \dfrac{\mu}{R_4} J_m'(\delta_1, R_4) \right] A_1 + D(\sigma_2 - 1) \left[J_m''(\delta_2, R_4) \right. \\[2pt]
\quad \left. + \dfrac{\mu}{R_4} J_m'(\delta_2, R_4) \right] A_2 + D(\sigma_1 - 1) \left[Y_m''(\delta_1, R_4) + \dfrac{\mu}{R_4} Y_m'(\delta_1, R_4) \right] B_1 \\[2pt]
\quad + D(\sigma_2 - 1) \left[Y_m''(\delta_2, R_4) + \dfrac{\mu}{R_4} Y_m'(\delta_2, R_4) \right] B_2 = 0
\end{cases}
$$

$$(6\text{-}17)$$

6.3.2　悬链线形纵弯谐振变幅器

悬链线形纵弯谐振变幅器分析模型和圆柱坐标系如图 6-25 所示,其中,R_1 为变幅杆的大端半径,R_2 为变幅杆的小端半径,R_3 为齿轮的中心孔半径,R_4 为齿轮分度圆半径,L 为悬链线形变幅杆的长度,h 为齿轮的厚度。图 6-25 中悬链线形变幅杆的位移、应变表达式见式(5-16)。按照 6.1 节的建模方法,可以求得悬链线形纵弯振动变幅器的频率方程:

$$
\begin{cases}
\dfrac{\gamma\sinh(\gamma L)}{\mathrm{ch}^2(\gamma L)}C_1 + \dfrac{k''}{\mathrm{ch}(\gamma L)}C_2 = 0 \\[2mm]
-\pi R_2^2 E k'' \sin(k''L)C_1 + \pi R_2^2 E k'' \cos(k''L)C_2 \\[2mm]
\quad -2\pi R_2 \dfrac{Gh}{k_\tau}\sigma_1 J'_m(\delta_1,R_3)A_1 - 2\pi R_2 \dfrac{Gh}{k_\tau}\sigma_2 J'_m(\delta_2,R_3)A_2 \\[2mm]
\quad -2\pi R_2 \dfrac{Gh}{k_\tau}\sigma_1 Y'_m(\delta_1,R_3)B_1 - 2\pi R_2 \dfrac{Gh}{k_\tau}\sigma_2 Y'_m(\delta_2,R_3)B_2 = 0 \\[2mm]
\cos(k''L)C_1 + \sin(k''L)C_2 - J_m(\delta_1,R_3)A_1 - J_m(\delta_2,R_3)A_2 \\[2mm]
\quad -Y_m(\delta_1,R_3)B_1 - Y_m(\delta_2,R_3)B_2 = 0 \\[2mm]
(\sigma_1-1)J'_m(\delta_1,R_3)A_1 + (\sigma_2-1)J'_m(\delta_2,R_3)A_2 \\[2mm]
\quad +(\sigma_1-1)Y'_m(\delta_1,R_3)B_1 + (\sigma_2-1)Y'_m(\delta_2,R_3)B_2 = 0 \\[2mm]
\dfrac{Gh}{k_\tau}\sigma_1 J'_m(\delta_1,R_4)A_1 + \dfrac{Gh}{k_\tau}\sigma_2 J'_m(\delta_2,R_4)A_2 \\[2mm]
\quad +\dfrac{Gh}{k_\tau}\sigma_1 Y'_m(\delta_1,R_4)B_1 + \dfrac{Gh}{k_\tau}\sigma_2 Y'_m(\delta_2,R_4)B_2 = 0 \\[2mm]
D(\sigma_1-1)\left[J''_m(\delta_1,R_4) + \dfrac{\mu}{R_4}J'_m(\delta_1,R_4)\right]A_1 \\[2mm]
\quad +D(\sigma_2-1)\left[J''_m(\delta_2,R_4) + \dfrac{\mu}{R_4}J'_m(\delta_2,R_4)\right]A_2 \\[2mm]
\quad +D(\sigma_1-1)\left[Y''_m(\delta_1,R_4) + \dfrac{\mu}{R_4}Y'_m(\delta_1,R_4)\right]B_1 \\[2mm]
\quad +D(\sigma_2-1)\left[Y''_m(\delta_2,R_4) + \dfrac{\mu}{R_4}Y'_m(\delta_2,R_4)\right]B_2 = 0
\end{cases}
$$

$$(6\text{-}18)$$

6.3.3　复合形纵弯谐振变幅器

复合形纵弯谐振变幅器分析模型建立时,忽略螺母质量、复合形变幅杆与

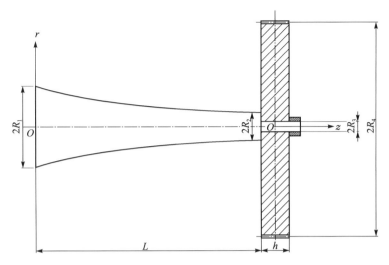

图 6-25　悬链线形纵弯谐振变幅器的振动分析模型

传振杆连接螺柱质量的影响,建立的分析模型如图 6-26 所示。rOz 平面的坐标原点建立在复合形变幅杆圆锥与圆柱连接面的圆心,l_1 为复合形变幅杆圆锥部分的长度,l_2 为复合形变幅杆圆柱部分的长度,h 为圆柱齿轮的厚度,R_1、R_2、R_3、R_4 分别为复合形变幅杆大端、小端半径,圆柱齿轮中心孔半径、分度圆半径。齿轮超声珩齿加工要求复合形变幅杆做纵向振动,圆柱齿轮做中心轴对称的横向弯曲振动(节圆型弯曲振动)。参照 6.1 节,可求得其频率方程为式(6-19)。当振动系统各组成部分尺寸确定时,可由式(6-19)求得振动系统

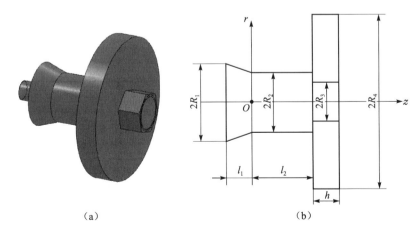

（a）　　　　　　　　　　　（b）

图 6-26　复合形纵弯谐振变幅器的物理模型与分析模型

谐振频率;当振动系统的设计频率已知,只有一个未知尺寸参数时,可由下式求得该未知尺寸参数:

$$
\begin{cases}
C_{11}\left[\dfrac{k\sin(kl_1)}{l_1+\alpha^{-1}}+\dfrac{\cos(kl_1)}{(l_1+\alpha^{-1})^2}\right]+C_{12}\left[\dfrac{k\cos(kl_1)}{l_1+\alpha^{-1}}-\dfrac{\sin(kl_1)}{(l_1+\alpha^{-1})^2}\right]=0 \\[3mm]
C_{11}\alpha^2+C_{12}\alpha k+C_{22}k=0 \\[2mm]
C_{11}\alpha+C_{21}=0 \\[2mm]
-C_{21}k\sin(kl_2)\pi r_3^2E-C_{22}k\cos(kl_2)\pi r_3^2E \\[2mm]
\quad+A_1\dfrac{2\pi r_3Gh}{k_\tau}\sigma_1J'_m(\delta_1,r_3)+A_2\dfrac{2\pi r_3Gh}{k_\tau}\sigma_2J'_m(\delta_2,r_3) \\[2mm]
\quad+B_1\dfrac{2\pi r_3Gh}{k_\tau}\sigma_1Y'_m(\delta_1,r_3)+B_2\dfrac{2\pi r_3Gh}{k_\tau}\sigma_2Y'_m(\delta_2,r_3)=0 \\[2mm]
-C_{21}\cos(kl_2)-C_{22}\sin(kl_2)+A_1J_m(\delta_1,r_3)+A_2J_m(\delta_2,r_3) \\[2mm]
\quad+B_1Y_m(\delta_1,r_3)+B_2Y_m(\delta_2,r_3)=0 \\[2mm]
A_1(\sigma_1-1)J'_m(\delta_1,r_3)+A_2(\sigma_2-1)J'_m(\delta_2,r_3) \\[2mm]
\quad+B_1(\sigma_1-1)Y'_m(\delta_1,r_3)+B_2(\sigma_2-1)Y'_m(\delta_2,r_3)=0 \\[2mm]
A_1\dfrac{Gh}{k_\tau}\sigma_1J'_m(\delta_1,r_4)+A_2\dfrac{Gh}{k_\tau}\sigma_2J'_m(\delta_2,r_4) \\[2mm]
\quad+B_1\dfrac{Gh}{k_\tau}\sigma_1Y'_m(\delta_1,r_4)+B_2\dfrac{Gh}{k_\tau}\sigma_2Y'_m(\delta_2,r_4)=0 \\[2mm]
A_1D(\sigma_1-1)\left[J''_m(\delta_1,r_4)+\dfrac{\mu}{r_4}J'_m(\delta_1,r_4)\right] \\[2mm]
\quad+A_2D(\sigma_2-1)\left[J''_m(\delta_2,r_4)+\dfrac{\mu}{r_4}J'_m(\delta_2,r_4)\right] \\[2mm]
\quad+B_1D(\sigma_1-1)\left[Y''_m(\delta_1,r_4)+\dfrac{\mu}{r_4}Y'_m(\delta_1,r_4)\right] \\[2mm]
\quad+B_2D(\sigma_2-1)\left[Y''_m(\delta_2,r_4)+\dfrac{\mu}{r_4}Y'_m(\delta_2,r_4)\right]=0
\end{cases}
$$

$$(6\text{-}19)$$

纵弯谐振变幅器的左端与传振杆通过螺纹相连,传振杆与纵向振动柱型超声换能器(YP-5520-4Z)通过螺纹相连。换能器纵向振动输出最大振幅为 $8\mu m$,假设振动系统左端最大输入位移为 ξ_0,则有边界条件 $\xi_1=\xi_0\mid_{z=-l_1}$,即

$$\frac{1}{-l_1-\frac{1}{\alpha}}\left[C_{11}\cos(kl_1)-C_{12}\sin(kl_1)\right]=\xi_0 \tag{6-20}$$

式(6-20)与式(6-19)组成超静定方程组,可求得 C_{11}、C_{12}、C_{21}、C_{22}、A_1、A_2、B_1、B_2 系数的一组特解,分别将其代入复合形变幅杆各组成部分的位移和应变函数,就可以求得复合形变幅杆沿 z 方向的纵振位移与应变分布曲线。

由频率方程的后四式可得

$$\begin{bmatrix} A_1 \\ A_2 \\ B_1 \\ B_2 \end{bmatrix} = \begin{vmatrix} D_{55} & D_{56} & D_{57} & D_{58} \\ D_{65} & D_{66} & D_{67} & D_{68} \\ D_{75} & D_{76} & D_{77} & D_{78} \\ D_{85} & D_{86} & D_{87} & D_{88} \end{vmatrix}^{-1} \begin{bmatrix} \xi(l_2) \\ 0 \\ 0 \\ 0 \end{bmatrix} = 0 \tag{6-21}$$

进而可求得 A_1、A_2、B_1、B_2,再将其代入 $w(r,\theta)=\sum_{i=1}^{2}\left[A_iJ_0(\delta_i,r)+B_iY_0(\delta_i,r)\right]$,即可求出齿轮的横向弯曲位移分布。

利用上述求解过程研究了不同模数、齿数组合分度圆直径为 132mm、厚度为 20mm 的标准圆柱直齿轮的圆锥复合形变幅器,具体变幅器形状参数见表 6-8。利用有限元模态分析方法研究了各变幅器的纵弯谐振模态和频率分别见图 6-27 和表 6-8 中 f_A 一列。表中,"—"表示无此项,即为圆环盘,不是齿轮,没有齿数和模数;"*"表示没有进行实验。表 6-8 表明:在分度圆直径一定的情况下,随着模数的增大,谐振频率逐渐降低;对于超声珩齿加工的中小模数(3~8mm),谐振频率都在超声波发生器的谐振频率调节范围之内,书中提出的非谐振设计方法对中小模数齿轮具有广泛的适用性。

表 6-8　复合形纵弯谐振变幅器的设计参数与谐振频率

d_1 /mm	d_2 /mm	l_1 /mm	l_2 /mm	h /mm	d_3 /mm	d_4 /mm	m_n /mm	z	f_M /Hz	f_A /Hz	f_E /Hz	f_{AM} /%	f_{EM} /%
60	40	30	34.1	20	30	132	—	—	20000	19643	19582	1.79	2.09
60	40	30	34.1	20	30	132	1.5	88	20000	19613	19306	1.935	3.47
60	40	30	34.1	20	30	132	2	66	20000	19590	19218	2.05	3.91
60	40	30	34.1	20	30	132	3	44	20000	19527	*	2.37	*
60	40	30	34.1	20	30	132	4	33	20000	19447	*	2.77	*
60	40	30	34.1	20	30	132	6	22	20000	19174	*	4.13	*

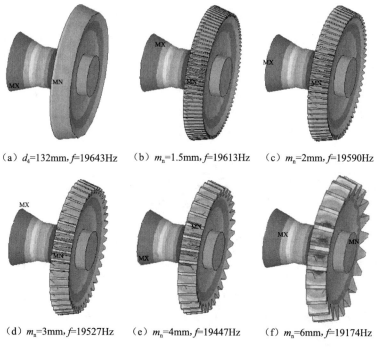

（a）d_4=132mm, f=19643Hz 　（b）m_n=1.5mm, f=19613Hz 　（c）m_n=2mm, f=19590Hz

（d）m_n=3mm, f=19527Hz 　（e）m_n=4mm, f=19447Hz 　（f）m_n=6mm, f=19174Hz

图 6-27　不同模数、齿数组合的圆锥复合形纵弯谐振变幅器谐振模态

　　圆锥复合形变幅杆纵向振动和齿轮横向弯曲振幅的理论数值求解和有限元谐响应分析求解的对比分别见图 6-28 和图 6-29。结果表明：对于振幅形态

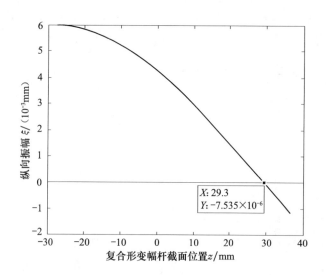

纵向振幅 ξ / (10^{-3}mm)

X: 29.3
Y: -7.535×10^{-6}

复合形变幅杆截面位置z/mm

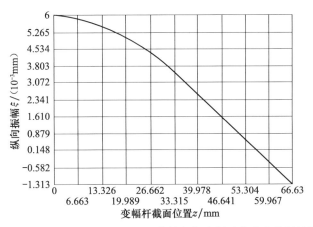

图 6-28 变幅杆截面纵向振幅的理论数值解与有限元谐响应分析结果对比

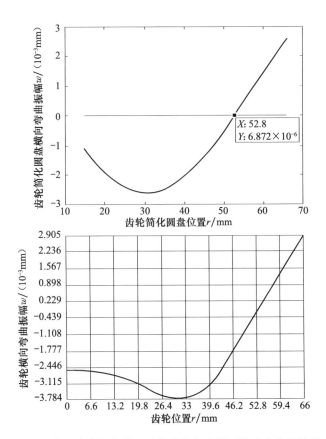

图 6-29 齿轮横向弯曲振幅的理论数值解与有限元谐响应分析结果对比

和各节线、节圆位置,两种方法的求解一致性好。变幅杆节线位置理论数值解位于距变幅杆左端 59.3mm 处,有限元谐响应求解结果为 57.6mm,求解偏差率为 2.87%;齿轮节圆理论数值解位于与齿轮同心半径 52.8mm 处,有限元谐响应求解结果为 53.77mm,求解偏差率为 1.95%。从而证明了书中提出的非谐振设计方法建立变幅器谐振模型的正确性。

按照表 6-8 前 3 行变幅器的设计参数加工了中厚圆盘、1.5mm×88、2mm×66 齿轮圆锥复合形纵弯谐振变幅器,分别如图 6-30 所示,中厚圆盘变幅器、1.5mm×88 变幅器的阻抗特性测试实验装置和测试结果分别如图 6-31、图 6-32 所示。结果表明:利用非谐振设计理论所设计的圆锥复合形纵弯谐振变幅器具有较高的机械品质因数,振动效率较高,满足设计要求。

图 6-30　复合形纵弯谐振变幅器实物

图 6-31　圆锥复合形齿轮变幅器阻抗特性测试(1.5mm×88)

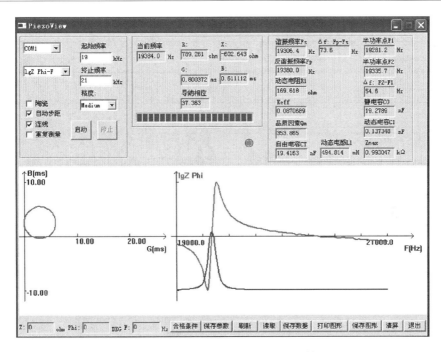

图 6-32　圆锥复合形纵弯谐振变幅器阻抗特性测试结果(1.5mm×88)

6.3.4　各类型纵弯谐振变幅器的对比分析

利用非谐振设计方法设计了模数为 3mm、齿数为 50、厚度为 20mm、中心孔为 20mm 齿轮的圆锥形、指数形、悬链线形、圆锥复合形纵弯谐振变幅器。各类型变幅器的具体尺寸参数如表 6-9 所示,其对应的变幅器配置模型如图 6-33 所示。表 6-9 中,"＊"表示实验未进行。指数形变幅器谐振实验装置如图 6-34 所示。利用有限元模态分析方法提取了各变幅器的纵弯谐振模态与谐振频率如图 6-35 所示。利用有限元 ANSYS 谐响应分析方法求得各类型变幅器变幅杆纵向振幅和齿轮的节圆型横向弯曲振幅曲线分别如图 6-36、图 6-37 所示。可见,变幅器振幅放大系数从大到小依次是圆锥复合形变幅器、悬链线形变幅器、指数形变幅器、圆锥形变幅器。

表 6-9　各类型纵弯谐振变幅器参数表

变幅器类型	R_1/mm	R_2/mm	R_3/mm	R_4/mm	L/mm	h/mm	f_M/Hz	f_A/Hz	f_E/Hz
圆锥形	28	14	10	75	174	20	20000	19921	19876

续表

变幅器类型	R_1/mm	R_2/mm	R_3/mm	R_4/mm	L/mm	h/mm	f_M/Hz	f_A/Hz	f_E/Hz
指数形	28	14	10	75	174.25	20	20000	19929	20150
悬链线形	28	14	10	75	175.5	20	20000	18980	*
圆锥复合形	28	14	10	75	174.3	20	20000	18953	*

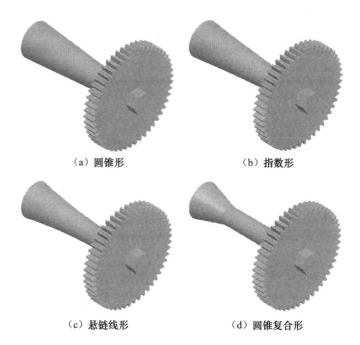

（a）圆锥形　　　　　　　　　　　（b）指数形

（c）悬链线形　　　　　　　　　　（d）圆锥复合形

图 6-33　纵弯谐振齿轮变幅器的配置模型

图 6-34　指数形变幅杆与齿轮圆盘组成的变幅器谐振频率实验

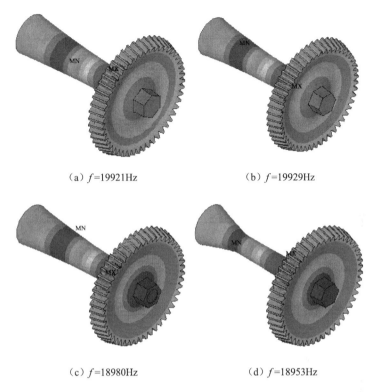

（a）f=19921Hz　　　　（b）f=19929Hz

（c）f=18980Hz　　　　（d）f=18953Hz

图 6-35　各类型纵弯齿轮变幅器谐振模态与频率的有限元模态分析结果对比

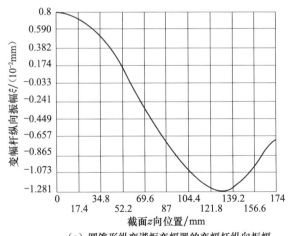

（a）圆锥形纵弯谐振变幅器的变幅杆纵向振幅

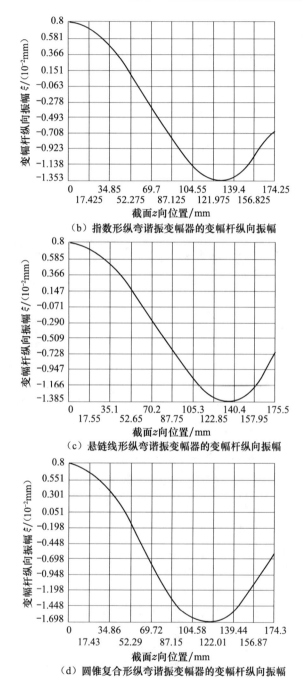

（b）指数形纵弯谐振变幅器的变幅杆纵向振幅

（c）悬链线形纵弯谐振变幅器的变幅杆纵向振幅

（d）圆锥复合形纵弯谐振变幅器的变幅杆纵向振幅

图 6-36　不同齿轮纵弯谐振变幅器有限元谐响应分析后变幅杆纵向振幅对比

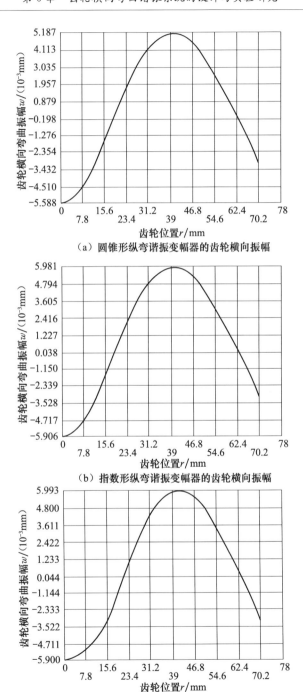

（a）圆锥形纵弯谐振变幅器的齿轮横向振幅

（b）指数形纵弯谐振变幅器的齿轮横向振幅

（c）悬链线形纵弯谐振变幅器的齿轮横向振幅

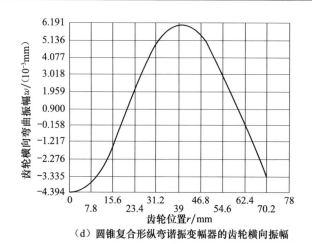

（d）圆锥复合形纵弯谐振变幅器的齿轮横向振幅

图 6-37   不同类型纵弯谐振变幅器有限元谐响应分析后齿轮横向振幅对比

6.4   谐振单元纵弯变幅器设计与谐振实验

根据实验室 ZJS-2000 型超声波发生器的工作频率为(20±2)kHz,利用 Mindlin 理论设计 2 阶节圆型横向弯曲振动频率为 20kHz 的圆盘参数为:直径 195mm,中心孔径 20mm,厚度 30mm。设计确定谐振单元齿轮的参数如表 6-10 所示。根据 YP-5520-4Z 型换能器的外形尺寸,利用纵弯谐振变幅器频率方程(6-15),设计圆锥变幅杆的尺寸参数如表 6-11 所示。齿轮第 2 阶节圆型横向弯曲振动频率为 20777Hz,变幅杆纵向振动频率为19832Hz。二者组成变幅器的纵弯谐振频率为 21129Hz,三者的谐振模态如图 6-38 所示。因为齿轮的节圆型横向弯曲和变幅杆的纵向振动频率都接近 20kHz,且二者组成变幅器的纵弯谐振频率也在超声波发生器的工作频率调节范围之内,所以齿轮和变幅杆都是谐振于 20kHz 的谐振单元。

表 6-10   谐振单元齿数参数表

m_n/mm	z	R_3/mm	h/mm	f_M/Hz	f_A/Hz
3	65	10	30	20650	20777

表 6-11   谐振单元圆锥变幅杆参数表

变幅器类型	R_1/mm	R_2/mm	L/mm	f_M/Hz	f_A/Hz
圆锥形	28	14	105.5	20000	19832

20777Hz　　　　　　　　　　19832Hz　　　　　　　　　　21129Hz
（a）节圆型横向弯曲振动模态　（b）变幅杆纵向振动模态　（c）变幅器纵弯谐振模态

图6-38　谐振单元与变幅器组合模态

　　为验证上述正确性,加工了与表6-12所示尺寸参数相对应的变幅器见图6-39(a)。YP-5520-4Z型换能器与20kHz传振杆通过螺纹相连接,利用传振杆上的振动节法兰固定在内套筒上,变幅器通过M18×1.5的细牙螺纹与传振杆连接、紧固,并注意在连接接触面均匀涂凡士林(增加传声效果);换能器电源线与ZJS-2000型超声波发生器相连,组成超声纵弯谐振系统,见图6-39(b)。通过调节超声波发生器的调频螺母,使其呈现谐振状态(齿轮盘面水珠雾化现象明显),可见能够实现谐振的稳定频率为19708Hz。

表6-12　谐振单元组成的纵弯谐振变幅器参数表

变幅器类型	R_1/mm	R_2/mm	R_3/mm	R_4/mm	L/mm	h/mm	f_M/Hz	f_A/Hz	f_E/Hz
圆锥形	28	14	10	75	153.5	30	20000	21129	19708

（a）变幅器实物　　　　　　　　　（b）变幅器谐振实验

图6-39　纵弯谐振变幅器实物与谐振实验

为了验证利用齿轮纵弯谐振变幅器非谐设计理论所设计的变幅器谐振性能,利用 PV70A 型阻抗分析仪,对变幅器的特性参数和导纳曲线进行测试分析,测试系统、测试结果如图 6-40 所示。测试结果表明:所设计的变幅器具有较高的机械品质因数,振动效率较高,满足设计要求。本节分析表明:根据谐振单元齿轮,利用振动系统的非谐振设计理论所设计的能使变幅器实现纵弯谐振的变幅杆也是谐振单元。这说明振动系统的全谐振设计是非谐振设计的特例,非谐振单元振动系统的非谐振设计在超声振动系统中更具有广泛性。

（a）测试系统　　　　　　　　　　　（b）测试结果

图 6-40　纵弯谐振变幅器的阻抗特性测试系统与测试结果

6.5　本 章 小 结

（1）本章基于圆柱齿轮横向弯曲振动分析的统一求解模型,通过齿轮与变幅器之间的振动耦合连续条件和各自的边界条件、环盘单元间的振动耦合条件,建立了纵弯谐振变幅器振动分析的统一模型;推导出圆锥形、悬链线形、指数形、圆锥复合形纵弯谐振变幅器的频率方程;设计了不同厚径比的变幅器。有限元模态与谐响应分析、谐振实验充分验证了非谐振单元纵弯谐振变幅器的设计方法是正确的。

在齿轮厚度和中心孔径不变的条件下,随着齿轮分度圆直径增大,变幅杆谐振长度逐渐变短;在齿轮分度圆直径和中心孔径不变的条件下,随着齿轮厚度增大,变幅杆谐振长度逐渐变长;在齿轮分度圆直径和厚度不变的条件下,随着齿轮中心孔径增大,变幅杆谐振长度逐渐变长。在齿轮分度圆直径一定的条件下,随着模数的增加,振动系统谐振频率逐渐降低,与理论设计频率的偏差逐渐增大;随着均布减重孔直径增大、数量增多,变幅器的谐振频率单调降低,与理论设计频率求解偏差也在增大,但都在超声珩齿加工许可的调节范围之内。以上分析说明,利用非谐振设计理论设计的纵弯谐振变幅器可以满足中小模数、齿数齿轮的超声珩齿加工要求。

(2) 齿轮超声谐振变幅器的谐振特性实验,验证了非谐振单元振动系统非谐振设计理论的正确性,并从实践中总结出了齿轮超声加工振动系统的设计技术流程。本章对齿轮超声加工的纵向谐振系统、纵弯谐振系统各自适合加工齿轮的形状、尺寸参数范围,给出了定性和定量相结合的说明,为超声珩齿的应用奠定了设计基础。

(3) 根据谐振单元齿轮,利用非谐振设计理论所设计的能使变幅器实现纵弯谐振的变幅杆也是谐振单元。从理论和实验角度证明了全谐振设计是非谐振设计的特例,非谐振设计理论涵盖了全谐振设计理论,是超声振动系统设计理论的扩展和深化。

参 考 文 献

[1] 吕明,佘银柱,秦慧斌,等. 超声珩齿振动系统的设计方法及其动力学特性. 振动与冲击,2013,32(2):147-152.

[2] 王时英,吕明,轧刚. 基于力耦合的非谐振单元组成的超声变幅器设计. 振动与冲击,2012,31(11):104-107.

[3] 王时英,李向鹏,张春辉. 超声珩齿圆锥形变幅器动力学特性. 振动工程学报,2012,25(3):294-301.

[4] 佘银柱,吕明,王时英. 非谐振单元变幅器的设计及其动力学研究. 机械工程学报,2012,48(7):49-55.

[5] 李向鹏,张春辉,王时英. 超声珩齿指数型变幅器动力学特性研究. 机械设计与制造,2012,(8):101-103.

第 7 章　超声珩齿试验

本章首先建立超声珩齿谐振系统阻抗特性和谐振特性参数的测量系统，为超声珩齿振动系统的设计奠定了实验基础；进而利用第 2～6 章的设计理论方法设计超声珩齿谐振系统，并基于 Y4650 型珩齿机建立了超声珩齿试验系统；通过中小模数淬硬圆柱齿轮的纵向谐振超声珩齿、纵弯谐振超声珩齿与传统珩齿的对比试验，重点研究超声珩齿与传统珩齿在珩削效率、齿面粗糙度、切削纹理、齿轮加工精度四方面的工艺效果对比。

7.1　超声珩齿振动系统谐振特性的实验基础

超声珩齿振动系统的阻抗特性、超声振幅以及谐振频率，不仅反映了声功率输出的大小，而且反映了超声波发生器、换能器、传振杆、变幅杆和齿轮工件相互之间的阻抗匹配效果，对工件材料去除率、表面粗糙度、齿轮加工精度等工艺性能具有重要影响。因此，超声珩齿振动系统谐振频率和振幅的准确测量是超声珩齿振动系统正确设计、验证、使用的重要基础。

7.1.1　超声珩齿振动系统的阻抗特性分析

1. 超声珩齿振动系统阻抗特性分析的测试原理结构图

图 7-1 为超声珩齿振动系统阻抗特性分析的测试原理结构图。图 7-1 中通信模块、正弦信号发生器、功率驱动、阻抗检测、相位检测等功能模块集于

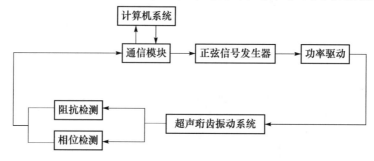

图 7-1　超声珩齿振动系统的阻抗测试原理结构图

一体,构成阻抗分析仪。阻抗分析仪与计算机系统通过 RS232 接口标准数据线相连,阻抗分析仪测试夹头的正负极分别与超声珩齿谐振系统中换能器的正负极相连。本书齿轮超声珩齿谐振系统的阻抗测试采用了北京邦联时代电子科技有限公司研制的 PV70A 型阻抗分析仪,其产品性能参数见表 7-1。

表 7-1　PV70A 型阻抗分析仪性能参数

性能指标	参数
频率范围/kHz	1～700
测量精度/%	0.5
频率误差/10^{-6}	±50
测量速度/(s/件)	5～8
相位分辨率/(°)	0.15
环境温度/℃	10～40
阻抗范围	1Ω～1MΩ
频率步进	0.1Hz～任意
适用场合	功率超声加工

2. 重要的性能参数

利用阻抗分析仪可测试振动系统的谐振频率 F_s、反谐振频率 F_p、半功率点 F_1 与 F_2、最大导纳 G_{max}、静电容 C_0、动态电阻 R_1、动态电容 C_1、动态电感 L_1、自由电容 C_T、机械品质因数 Q_m 以及机电耦合系数 K_{eff}、K_p、K_{31}、K_{33} 等,并可以绘制振动系统的导纳特性图、阻抗特性图、导纳极坐标图、阻抗极坐标图、对数坐标图五种特性曲线[1],为评价超声珩齿振动系统的性能提供科学依据。其中重要的性能参数如下:

(1) F_s:振动系统的谐振频率,反映振动系统整体特性的一个重要参数。它与组成该系统的所有零部件的质量及刚度均有关,与激振点的位置无关;它应尽可能接近设计理论值,且与超声波发生器、换能器的工作频率和阻抗相互匹配;在谐振频率下,振动系统的阻抗最小。

(2) F_1、F_2:半功率点。从导纳圆上看,导纳实部等于 $G_{max}/2$ 处的频率,这样的频率有两个,大于 F_s 的为 F_2,小于 F_s 的为 F_1。

(3) G_{max}:最大导纳,振动系统谐振时的导纳值实部,即谐振频率处的导纳实部。

(4) Q_m:振动系统的机械品质因数,由导纳曲线法确定,$Q_m = F_s/(F_2 - F_1)$。Q_m 值越大,振动系统的电声转换效率越高,谐振系统的频率带宽也越窄,导致超声波发生器难以工作在谐振效率,振动系统无法稳定工作;Q_m 值越低,振动系统的电声转换效率越低,超声珩齿中,Q_m 值适中较好。

(5) F_p:振动系统的反谐振频率,即振动系统并联支路的谐振频率。反谐振频率是反映振动系统局部特性(或激振点动态特性)的一个重要参数,它只与该系统中某些子系统的物理参数有关,并且激振点不同所涉及的子系统也不相同。激振点的反谐振频率与激振点的位置有关,当谐振频率从 0 到∞时,在激振点处,共振与反共振现象是交替出现的。对于约束的自由振动系统而言,首先出现的是反谐振频率。在反谐振频率下,振动系统的阻抗 Z_{max} 最大。

(6) R_1:振动系统的动态电阻。动态电阻越大,振动系统工作时电源能量损耗越高;一般在 5~20Ω,否则振动系统寿命短。

3. 图形与阻抗特性分析

阻抗分析仪提供五种坐标特性图形,其中对数特性图形(导纳圆与导纳曲线图)对于振动系统的检测有重要意义。振动系统设计合理时,导纳圆为单圆,对数坐标图仅有一对极小值和极大值。如果导纳圆出现多个寄生小圆,对数坐标图有多对极大值和极小值,振动系统中可能存在以下问题:

(1) 换能器在装配时出现晶片裂纹或压电陶瓷内部分层;

(2) 传振杆、变幅杆的设计或装配不准确;

(3) 振动系统中零件连接表面加工质量差。

导纳曲线图和阻抗测试参数密切关联,振动系统的导纳曲线图如果正常,则 R_1 较小,Q_m 值较大;导纳曲线图如果异常,则 R_1 较大,Q_m 较小。振动系统有多个谐振频率,其谐振频率对应的振动模式或振动模态阶数也可能不同。例如,变幅杆、传振杆的振动模式有纵向、弯曲、扭转振动,小分度圆直径、大厚径比齿轮的振动模式主要为纵向振动;大分度圆直径、小厚径比齿轮的振动模式主要为横向弯曲振动(节圆型、节径型、节径节圆混合型)。齿轮超声加工主要利用变幅杆的第 1 阶纵向振动模式和小分度圆直径、大厚径比齿轮的第 1 阶纵向振动;或大分度圆直径、小厚径比齿轮的第 1 阶或第 2 阶节圆型横向弯曲振动模式。谐振频率相隔越远越好,否则得不到振动系统的有效振型,会影响到振动系统的使用寿命。

4. 超声珩齿振动系统的阻抗测试与结果分析

利用 PV70A 型阻抗分析仪,对超声珩齿谐振系统的谐振特性参数和导纳曲线进行测试分析,测试系统如图 7-2 所示。PV70A 型阻抗分析仪的红、黑接线柱分别与谐振系统中换能器的正、负极相连,阻抗分析仪与计算机系统采用 RS232 接口数据线相连。在计算机上启动 PizeView 阻抗分析仪的测试选择与计算界面,设置振动系统阻抗分析中谐振频率范围(18～22kHz)、自动步距、中等扫描精度、对数特性图形等测试界面参数。所得结果如图 7-3 所示。

图 7-2　超声珩齿振动系统的阻抗测试装置

图 7-3 所示测试结果表明:所设计的超声珩齿振动系统的谐振频率为19306.4Hz,与理论设计频率 20000Hz 偏差 3.47%。反谐振频率为 19380.0Hz,动态电阻 R_1 为 169.618Ω,机械品质因数 Q_m 为 353.865,半功率点 F_1、F_2 分别为19281.2Hz、19335.7Hz。超声珩齿振动系统导纳圆为单圆,对数坐标曲线正常,具有较高的机械品质因数,振动效率较高,能够满足设计要求。

7.1.2　超声珩齿振动系统振幅测量系统的构建

激光测振仪利用多普勒效应测量振动系统的振动特性,具有动态响应快、频带宽、测量范围大、精度高、线性度好、非接触测量以及抗电磁干扰等优点[2]。结合研究中心现有的测量条件,利用 C6140 型车床搭建超声珩齿振动系统的振幅测量系统。

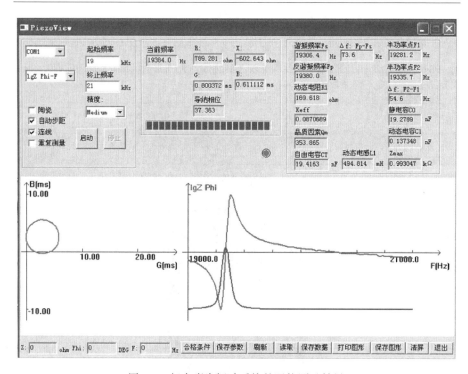

图 7-3　超声珩齿振动系统的阻抗测试结果

1. 超声珩齿振动系统振幅的激光测振仪测量原理

用激光测振仪测量超声珩齿振动系统齿轮端面的振幅分布,其测试原理如图 7-4 所示[3]。低功率氦-氖激光器为光源,射出的光束被分光镜 BS1 分为一束物光和一束参考光,物光束经分光镜 BS2 和透光镜 L 聚焦在齿轮盘面上;从齿轮盘面返回的散射光再经 BS2 分光后使它的大部分通向 BS3,并在 BS3 处与参考光干涉,产生带有振动信息的物光和参考光的差频,再由光电检测器 D1 和 D2 转换成电信号。来自振动体的散射光包含了正比于振动体瞬时速度的多普勒频移信息,声光调制器(布拉格光栅)使参考光束恒定频移,以便使测振仪能辨别齿轮盘面相对于光学头的振动方向。最终,图像探测器将物光束和参考光束的干涉信号转换为电信号,被控制器解调成位移物理输出量。

2. 激光测振仪测量超声珩齿振动系统振幅的仪器设备构成

(1) ZJS-2000 型超声波发生器。

(2) C6140 型车床。

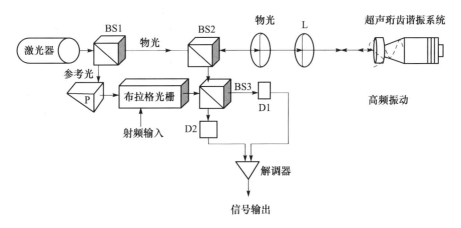

图 7-4　激光测振仪测试原理图

（3）德国 Polytec OFV-505/5000 型自动聚焦式激光测振仪。OFV-505/5000 型高性能单点式氦-氖激光测振仪，由控制器 OFV-5000（VD-09 型速度解码器、DD-900 型位移解码器）、激光头 OFV-505 组成。频率范围为 $0 \sim 2.0\mathrm{MHz}$，速度为 $0.3\mu\mathrm{m/s} \sim 10\mathrm{m/s}$，最小分辨率为 $0.3\mu\mathrm{m/s}$，最大工作距离为 $300\mathrm{m}$，工作环境温度为 $5 \sim 40℃$，相对湿度低于 80%，位移分辨率能达到 $2\mathrm{nm}$，激光功率低于 $1\mathrm{mW}$，外形尺寸（$W \times H \times L$）为 $120\mathrm{mm} \times 80\mathrm{mm} \times 345\mathrm{mm}$。

（4）TDS1012 型示波器。

（5）超声珩齿振动系统。由圆形套筒底座、20kHz 或 15kHz 传振杆（传振杆的振动节法兰与套筒相连接）、变幅杆、齿轮组成，三维模型见图 7-5。

图 7-5　超声珩齿振动系统

（6）激光头支撑装置。三维模型见图 7-6。

3. 超声珩齿振动系统的振幅测试系统

超声珩齿振动系统的振幅测试系统见图 7-7，主要利用激光多普勒原理对齿轮盘面振幅进行测量。首先由 ZJS-2000 型超声波发生器产生正弦或余弦

图 7-6　激光头支撑装置

信号,经功率放大器将电压信号扩大,加载到超声换能器的压电陶瓷上,激光测振仪接收到齿轮盘面振动的响应信号,并由示波器显示出响应信号的电压幅值,进而转换为振幅。

图 7-7　超声珩齿振动系统的振幅测试系统

4. 测试操作方法与步骤

(1) 齿轮盘面径向垂直"十字"划线,每条线上间隔 5mm 画短横线,如图 7-8 所示,然后将变幅杆、齿轮正确连接到套筒上的传振杆。

(2) 利用 C6140 型车床的三爪卡盘将谐振系统的套筒底座夹紧,并利用百分表找正,调整传振杆径向跳动在±0.02mm 以内。

(3) 将激光头 OFV-505 的支撑装置安装在 C6140 型车床的刀架位置。

(4) 将换能器接线插头插到超声波发生器的航空插孔中,并正确连接超声波发生器、激光测振仪控制器、激光测试头、示波器的电源线与数据线。示波器的 CH1 通道与激光测振仪控制器的位移输出端口相连。

(5) 测试时,首先启动控制器,再打开激光测试头,设置自动对焦,通过移动刀架、调节激光测试头支撑装置的调节螺母将激光红点调整到齿轮中心。

(6) 激光聚焦稳定 15min,保证激光测试头后的光栅显示格数在 15 格以上。

图 7-8　齿轮盘面的划线

（7）启动 ZJS-2000 型超声波发生器，调节振动系统处于稳定谐振状态。

（8）设置控制器使 DD-900 型位移解码器的测试系数为 $1\mu m/V$，在不开动机床的情况下，通过逆时针转动操纵手轮径向移动刀架，手轮每转动 1 周，激光红点沿齿轮径向移动 5mm，与齿轮盘面相应的划点重合，聚焦后，打开示波器自动测试按钮，显示振幅电压波形，记录振幅对应的峰峰电压值。

（9）三爪卡盘每分度 90°，转动手轮，测试齿轮径向各点。

（10）直至三爪卡盘完全转动一周，图 7-8 所示齿轮盘面各点的振幅测试完毕，记录测试数据并计算处理。

振幅的转换计算公式为

$$A = K_D V_{p\text{-}p}/2 \tag{7-1}$$

式中，A 为被测振动单元的振幅，μm；K_D 为激光测振仪设定系数，即振幅电压比，多普勒激光测振仪 DD-900 型位移解码器实验设定值为 $1\mu m/V$；$V_{p\text{-}p}$ 为系统测试齿轮振幅时 TDS1012 型示波器显示信号的电压峰峰值，V。

$$\bar{v} = 2A\pi f \tag{7-2}$$

式中，$\bar{v}$ 为被测振动单元的振速幅度，m/s；f 为超声珩齿谐振系统的谐振频率（以示波器显示的测试频率为准），Hz。

7.2　超声珩齿试验系统

7.2.1　超声珩齿试验系统的主要构成

1. 超声波发生器

超声波发生器的主要作用是产生大功率高频交流电流，驱动超声波换能器工作。根据工况要求,实时调整频率、功率等,使功率超声谐振系统稳定、安全地工作。超声珩齿试验中,采用由杭州成功超声设备有限公司生产的 ZJS-2000 型超声波发生器,如图 7-9 所示。其主要技术指标为:中心频率 20kHz,谐振频率调节范围 ±2kHz,连续最大功率 3kW,电源电压 220V(交流、±10%、50/60Hz)。

图 7-9　ZJS-2000 型超声波发生器

2. 换能器

换能器是将超声波发生器产生的大功率高频交流电流,转换成高频机械振动(本书中指纵向振动)的器件,柱型压电换能器如图 7-10 所示。本试验中所用的换能器型号及其性能参数见表 7-2。

图 7-10　柱型压电换能器

表 7-2　试验用压电换能器性能参数表

型号	连接螺纹	晶片直径/mm	压电晶片数量	谐振频率/kHz	电阻/Ω	最大输入功率/W	最大振幅/μm
YP-5520-4Z	M18×1	55	4	20	15	2000	8
YP-7015-4Z	M20×1.5	70	4	15	15	2600	10

3. 传振杆

利用一维纵波振动全谐振设计理论,按照谐振系统的工作频率来设计传振杆的长度和固定法兰。传振杆直径略大于换能器的晶片直径,本试验中传振杆尺寸规格为 $\phi56\text{mm}\times130\text{mm}$,材料为 45 钢,固定法兰中性面与传振杆的轴向对称面重合,厚度为 6mm,如图 7-11 所示。

图 7-11　传振杆

由于齿轮加工机床传动链的复杂性和精确性,超声振动大多施加于工件齿轮上,变幅杆也可作为齿轮超声加工的夹持芯轴。在换能器和变幅杆之间增加传振杆,目的在于增加连接互换性,可避免超声珩齿过程中频繁拆卸变幅杆而破坏换能器的连接螺纹,并且可以增大珩齿机头的工作空间,避免与谐振系统发生加工干涉。

4. 齿轮变幅器

齿轮变幅器是超声振动系统的重要组成部分,根据加工对象齿轮的形状、尺寸参数特点,确定变幅器的谐振类型。中小模数齿轮超声加工中,分度圆直径小于 100mm,且厚径比大于 0.3 的齿轮,适宜利用纵向振动方式设计变幅器;分度圆直径大于100mm,且厚径比小于0.3的齿轮,适宜利用纵弯振动方式设计变幅器。纵向谐振变幅器的设计采用第5章的设计方法,纵弯谐振变幅器采用第6章的设计方法确定尺寸参数,按照求出的设计参数建立变幅器模型;经有限元模态和谐响应分析校核,并经阻抗特性测试、谐振特性实验,保证实现预期设计的谐振频率与谐振模态。纵向谐振变幅器和纵弯谐振变幅器如图7-12、图7-13所示。

图7-12　纵向谐振变幅器

图7-13　纵弯谐振变幅器

5. 超精密高速角接触球轴承

超声珩齿谐振系统中的旋转装置,采用71924ACTA/P4型超精密高速角接触球轴承,具体性能参数见表7-3。采用背对背安装,靠近电刷的轴承内圈为游动支撑来补偿热变形,通过内套筒上的圆螺母来预紧调节靠近齿轮变幅器的轴承的轴向游隙。

表 7-3　71924ACTA/P4 型超精密高速角接触球轴承性能参数表

外形尺寸				额定载荷/kN		极限转速/(r/min)		安装尺寸/mm		
d/mm	D/mm	B/mm	α/(°)	动载荷 C_r	静载荷 C_{or}	脂润滑	油润滑	d_{amin}	D_{amax}	D_{bmax}
120	165	22	25	72.8	86.5	6700	10000	127	158	160

6. Y4650 型珩齿机

Y4650 型珩齿机是一种齿轮精整加工机床,可以有效地降低齿面粗糙度,消除齿面的磕痕和毛刺,微量修正齿轮淬火后的变形。适宜于加工淬火后变形、淬硬的外啮合直齿、斜齿、鼓形齿和小锥齿的圆柱齿轮。其具体性能参数见表 7-4。

表 7-4　Y4650 型珩齿机性能参数表

性能类别	参数
工件直径范围/mm	60～500
最大工件模数/mm	8
工件最大宽度/mm	90
珩磨轮直径范围/mm	180～240
珩磨轮孔径/mm	63.5
工件与珩磨轮的中心距范围/mm	150～350
工作台顶尖最大距离/mm	500
工作台最大行程长度/mm	100
刀架回转角度范围/(°)	±30
主轴转速/(r/min)	200,250,315,400,500,650
轴向进给量调节方式	无级调整
主电机功率/kW	2.2
转速/(r/min)	1430
机床外形尺寸($L\times W\times H$)/mm	1350×1600×2250
机床净重/kg	4000

超声珩齿试验中以超声珩齿谐振装置替代 Y4650 型珩齿机工作台上的头架与齿轮夹持芯轴,右端尾架顶尖顶在变幅器的左端顶尖孔内,保证了超声珩齿工艺系统的稳定性。

7.2.2　超声珩齿振动系统的设计

超声珩齿按照超声波施加的对象可以分为珩轮施加超声和被珩齿轮施加

超声两类。超声波振动施加于被珩齿轮更容易实现,可以避免珩齿机主轴结构做重大改进,可以使被珩齿轮沿轴向做高频振动。本试验中超声波振动施加于齿轮工件上,超声珩齿谐振系统由电能换向装置、超声波传递装置、旋转装置三部分组成。超声珩齿纵向谐振系统、纵弯谐振系统如图 7-14 所示。

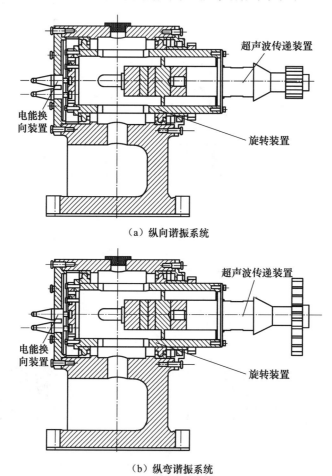

（a）纵向谐振系统

（b）纵弯谐振系统

图 7-14　超声珩齿谐振系统的二维剖视示意图

电能换向装置由电刷装置(电磁离合器电刷)、黄铜环、胶木绝缘端盖组成。超声珩齿中,换能器随变幅器旋转,为防止电源电线的卷绞,在内套筒左端的绝缘端盖上设置一对黄铜环与换能器相接,尾座体左端胶木绝缘端盖上安装正负极电刷,电刷一端与超声波电源相接,电刷另一端与黄铜环滑动接触,完成超声波电源与换能器之间导电工作。

　　超声波传递装置由超声波发生器、谐振驱动系统、谐振输出系统组成。换能器和传振杆是谐振单元,二者组成谐振驱动系统,其谐振频率与系统谐振设计频率相同或相近;齿轮和变幅杆是非谐振单元,组成变幅器。依照第5、6章的设计方法,由给定齿轮尺寸参数确定变幅杆的形状、尺寸参数,实现与谐振系统设计频率相同或相近的谐振频率,变幅器是谐振系统的输出系统。变幅杆通过螺纹连接,圆柱凸台定位面与谐振输入系统的传振杆紧固连接。超声波发生器产生的高频电信号通过电能换向装置传送给超声换能器,换能器将电信号转化为同频率的超声振动,并传递给与它相连的传振杆,经过变幅杆的放大,高频的机械振动将最终传递到工件齿轮上。驱动系统提供足够频带宽度的驱动能量,输出系统的谐振频率在驱动系统的频带之内。输出系统有助于驱动系统频带宽的扩大。

　　旋转装置由内套筒、轴承、支座、端盖、配合定位套、圆螺母等零部件组成。珩齿加工时,珩轮与被加工齿轮啮合产生径向力,并且右侧顶尖在变幅杆上施加600N轴向力,回转装置中所用轴承为71924ACTA/P4型超精密高速角接触球轴承,接触角为25°,能同时承受径向和轴向联合载荷,选用背对背安装。轴承内圈用内套筒上的轴肩固定,外圈用端盖固定,并通过配合定位套和圆螺母来调整轴承的轴向游隙。轴承采用钙钠基脂润滑。由换能器尺寸参数确定内套筒内径、外径。内套筒的外径确定轴承内径。支座的高度应避免珩齿时珩齿机工作主轴与超声谐振装置发生干涉。传振杆通过节点位置法兰盘固定在内套筒上,内套筒由一对71924ACTA/P4型超精密高速角接触球轴承支撑在支座上,支座通过螺栓固定在珩齿机工作台的T形槽和内侧导轨上。珩齿右端尾架顶尖顶在变幅杆的顶尖孔内。本试验中设计的超声珩齿谐振系统实物如图7-15所示。

(a)　　　　　　　　　　　　　　　(b)

图 7-15　超声珩齿谐振系统

超声珩齿时,珩轮主动回转,工件齿轮被动回转,超声振动通过工件齿轮引入珩齿工艺系统,达到高频振动珩削的目的。珩轮和被加工齿轮之间无侧隙正常啮合。齿轮与珩轮之间的运动包括啮合运动和轴向超声振动。这两种运动构成超声珩齿的珩磨过程,粘固在珩轮齿面上的磨粒,按一定的轨迹从齿轮的齿面上划过,在外加珩削压力的作用下,磨粒切入齿面金属层,磨下极细的切屑,达到精密加工齿轮的工艺效果。

7.2.3　超声珩齿试验系统的建立与测试

1. 超声珩齿谐振装置的刮研与安装

利用 Y4650 型珩齿机工作台对超声珩齿谐振装置进行刮研,直到传振杆所在轴径向跳动误差控制在 0.01mm 以内;齿轮孔径与变幅杆外径进行配磨装配,装配间隙保证在 0.005mm 以内。安装前必须保证其定位表面的清洁。超声珩齿谐振系统中心轴距珩齿机工作台面中心应保证在(255±0.016)mm,与珩齿机尾架顶尖的同轴度跳动量不能大于 0.005mm。定位表面是珩前齿轮的加工定位表面。安装珩轮前必须保证珩轮内孔、主轴和垫圈的清洁。主轴的径向跳动量不大于 0.005mm,端面跳动量不大于 0.0025mm。珩轮安装后,其端面跳动量不大于 0.015mm,以保证珩齿精度。超声珩齿谐振装置如图 7-16 所示。

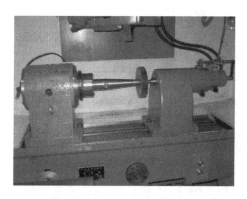

图 7-16　超声珩齿谐振装置的刮研与安装

2. 超声珩齿试验系统的谐振测试

利用北京邦联时代电子科技公司生产的 PV70A 型阻抗分析仪,对超声珩齿谐振系统的谐振特性参数和导纳曲线进行测试分析,测试系统如图 7-2

所示,测试结果如图 7-3 所示。测试结果表明:所设计的超声珩齿振动系统导纳圆为单圆,对数坐标曲线正常,具有较高的机械品质因数,振动效率较高,满足设计要求。

3. 顶尖力和珩轮转速对超声珩齿试验系统的影响分析

利用在 Y4650 型珩齿机上建立的超声珩齿试验系统,研究了右顶尖力、珩轮转速(200r/min、450r/min、650r/min)对谐振装置谐振频率的影响。右顶尖力范围为 0～600N 时,谐振装置谐振频率从 19380Hz 提高到 19402Hz;珩轮转速分别为 200r/min、450r/min、650r/min 时,谐振装置谐振频率分别为 19352Hz、19343Hz、19334Hz。试验研究表明:右顶尖力、珩轮转速对超声珩齿谐振装置谐振特性的影响很小,不影响超声珩齿谐振装置的正常使用。

4. 旋转效应对齿轮振动频率的影响分析

齿轮转动状态下,考虑离心力对振动频率的影响时,振动动频和静频的关系如下[4]:

$$f_d = \sqrt{f_j^2 + B\,(N/60)^2} \tag{7-3}$$

式中,f_d 为振动动频,Hz,f_j 为静频(齿轮不旋转状态下的固有振动频率),Hz;N 为齿轮转速,r/min;B 为动频系数,与齿轮的振型和振动阶次有关,满足如下关系:

$$B = \frac{m^2\,(m^2 - 1)^2}{(m^2 + 1)^2} \tag{7-4}$$

式中,m 为齿轮环盘节径数。由于齿轮周边切线速度受到材料和强度的限制,齿轮转速不会很高,旋转时离心力对频率的影响不大。一般工业应用中,齿轮固有振动静频 f_j 往往远大于齿轮转速的频率(前者常为后者的数十至一百多倍)。例如,图 3-4(a)中齿轮(模数为 4mm,齿数为 33),齿轮环盘节径数为 2,静频 f_j 为 4994Hz,转速 N 为 6000r/min。按照式(7-3)可求得其振动动频 f_d 为 4995.4Hz,即 $f_d \approx f_j$。超声珩齿时所用的南京第二机床厂 Y4650 型珩齿机的最高转速为 650r/min。为此超声珩齿时旋转效应对齿轮振动频率的影响可以忽略不计。

超声振动珩齿中,为了获得良好的加工质量,要求齿轮作节径数为零的轴对称横向振动,此时 $m = 0$,$f_d = f_j$。所以,即使超声珩齿时在珩轮带动下齿轮以最高转速 6000r/min 转动,对齿轮零节径(节圆型)的横向弯曲振动频率也无影响。

7.3　纵向谐振超声珩齿试验

1. 超声珩齿试验系统

纵向谐振超声珩齿试验系统如图 7-17 所示。试验用硬珩轮齿面经渗氮淬火处理,珩磨轮与工件齿轮参数见表 7-5,实物见图 7-18。对两组各 3 个齿轮进行标识,利用齿轮公法线千分尺(规格:0～25mm)分别测量并记录珩齿前 3 跨齿的公法线长度。

图 7-17　短粗圆柱齿轮的纵向谐振超声珩齿试验系统

表 7-5　电镀 CBN 珩磨轮和工件齿轮的参数

类别	材料	模数 m_n/mm	齿数	厚度 h/mm	螺旋角 β	齿面硬度
珩磨轮	45 钢基体 电镀 120 目 CBN 磨料	3	73	30	14°4′34″	
工件齿轮	20CrMnTi	3	26	33	0	HRC60～63

2. 纵向谐振超声珩齿试验的工艺参数

纵向谐振超声珩齿试验工艺参数见表 7-6。

图 7-18　电镀 CBN 硬珩轮和齿轮工件

表 7-6　纵向谐振超声珩齿试验工艺参数表

参数名称	参数及说明
超声纵向谐振频率/kHz	15
振幅/μm	12
珩齿方式	双面变压珩齿,珩轮正、反旋转
珩削余量	取公法线方向 0.04～0.08mm
珩轮转速/(r/min)	约 400
轴向进给量	根据接触线宽度、珩削余量、表面粗糙度等因素选取, 齿轮工件轴向进给速度约为 12mm/s
配重	试验时取 60kg
珩削时间	每个齿轮纵向谐振超声珩齿加工正、反转各 12 个行程, 单件用时 3min

3. 工艺效果对比分析

分别对试验齿轮进行定时传统珩齿和纵向谐振超声珩齿试验。传统珩齿时,将超声波发生器按钮关闭,其他工艺参数同上。珩齿后,分别测量传统珩齿、纵向谐振超声珩齿加工后 3 跨齿的公法线长度,并与珩齿前的公法线长度作比较,求得相同时间内传统珩齿和纵向谐振超声珩齿的公法线长度变化量,并可对应珩削量的大小。本试验中传统珩齿 3 跨齿的公法线长度平均减少 0.0791mm,而纵向谐振超声珩齿 3 跨齿的公法线长度平均减少 0.1074mm,纵向谐振超声珩齿的材料去除率与传统珩齿相比,有明显提高,提高了 35.8%。

传统珩齿与纵向谐振超声珩齿后齿轮见图 7-19,利用 TR220 型手持式粗糙度仪(TS100 型标准传感器)测量齿面的表面粗糙度。传统珩齿后的齿面表面粗糙度为 $1.229\mu m$,超声珩齿后表面粗糙度为 $0.767\mu m$。

　　(a) 传统珩齿(Ra=1.229μm)　　　　　　(b) 纵向谐振超声珩齿(Ra=0.767μm)

图 7-19　传统珩齿与纵向谐振超声珩齿齿面粗糙度宏观对比

利用线切割机床在传统珩齿和纵向谐振超声珩齿的齿轮上分别取样,并用XJP-100 单目型金相显微镜放大 100 倍,齿面加工纹理微观照片见图 7-20。由图 7-20 可见,超声珩齿齿面微切削波动纹理十分明显,表明超声纵向振动已被引入珩齿工艺过程中。

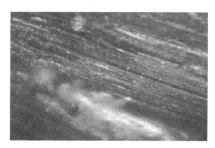

　　(a) 传统珩齿(100×)　　　　　　　　(b) 纵向谐振超声珩齿(100×)

图 7-20　传统珩齿与纵向谐振超声珩齿齿面的切削纹理对比

7.4　纵弯谐振超声珩齿试验

7.4.1　试验设备与主要参数

对于齿轮分度圆直径在 200mm 左右、厚径比小于 0.3 的中小模数圆柱齿轮,适宜利用超声纵弯谐振进行超声珩齿。试验用珩轮为三联精磨器材有限公司生产的齿轮珩磨轮(环氧树脂加磨料)。

　　珩轮和工件齿轮实物见图 7-21。硬齿面齿轮材料为 40Cr,利用 YM3150E
型精密滚齿机进行粗滚、精滚,用 Y9380 型齿轮倒角机对齿轮进行逐齿倒角,
高频感应加热淬火后,用线切割机床取样,利用 HR-150A 型洛氏硬度计测淬
火硬度达 HRC54～56,测试装置见图 7-22。对两组各 5 个齿轮进行标识,利
用齿轮公法线千分尺(规格:50～75mm)分别测量并记录珩齿前 6 跨齿的公
法线长度。工件齿轮参数见表 7-7。

图 7-21　纵弯谐振超声珩齿试验用珩轮和齿轮工件

图 7-22　齿轮试件齿面硬度检测装置

表 7-7　纵弯谐振超声珩齿试验用工件齿轮参数

参数名称	参数值
模数 m_n/mm	3
齿数 z	50
压力角 α/(°)	20
螺旋角 β/(°)	0
齿顶高系数 h_a^*	1
径向变位系数 x	0
齿轮厚度 t/mm	20
中心孔直径 d/mm	20
精度等级	GB 10095—2008 6JL
公差组 Ⅰ（齿距累积公差）F_p/mm	0.05
公差组 Ⅰ（公法线长度变动公差）F_w/mm	0.036
公差组 Ⅱ（齿形公差）f_f/mm	0.013
公差组 Ⅱ（齿距极限偏差）f_{pt}/mm	±0.014
公差组 Ⅲ（齿向公差）F_β/mm	0.011
齿厚极限偏差 E_s/mm	0.064
跨测齿数 K	6
公法线长度 W/mm	50.811

7.4.2　试验系统与工艺条件

纵弯谐振超声珩齿试验的工艺参数见表 7-8。

表 7-8　纵弯谐振超声珩齿试验工艺参数

参数名称	参数及说明
超声纵弯谐振频率/kHz	20
齿面横向弯曲振幅/μm	3.6～4.1
珩齿方式	双面变压珩齿，珩轮正、反旋转
珩削余量	取公法线方向 0.04～0.08mm
珩轮转速/(r/min)	650
轴向进给量	根据接触线宽度、珩削余量、表面粗糙度等因素选取，齿轮工件轴向进给速度约为 12mm/s
配重	试验时取 60kg
珩削时间	每个齿轮纵弯谐振超声珩齿加工正、反转各 12 个行程，单件用时 3min

纵弯谐振超声珩齿的试验系统如图 7-23 所示。

图 7-23　纵弯谐振超声珩齿试验系统

7.4.3　试验结果分析

1. 珩削效率

利用图 7-23 所示的试验系统,对两组各 5 个齿轮分别进行定时传统珩齿和纵弯谐振超声珩齿试验。珩齿后分别测量传统珩齿、纵弯谐振超声珩齿加工后 6 跨齿的公法线长度,与珩齿前的公法线长度作比较,分别求得同样时间内传统珩齿和纵弯谐振超声珩齿的公法线长度变化量,并可对应珩磨率的大小。试验中传统珩齿 6 跨齿的公法线长度平均减少 0.0191mm,而纵弯谐振超声珩齿的公法线长度平均减少 0.0564mm,纵弯谐振超声珩齿的材料去除率与传统珩齿相比,有明显提高,提高了近 2 倍。

2. 齿面粗糙度

珩齿前、传统珩齿与纵弯谐振超声珩齿后的齿轮外观对比,如图 7-24 所示。将齿轮放在 TA620 型测量平台的 V 形块上,利用 TR220 型手持式粗糙度仪(TS100 型标准传感器)测量齿面的表面粗糙度。测量时齿轮标识面在前,标记处正对齿起测,逆时针测所有齿,每齿测三组数据,取平均值,测试装置如图 7-25 所示。在计算机上安装应用软件 Data View for TR220,利用 RS232 接口将计算机与表面粗糙度仪相连,测试的纵弯谐振超声珩齿与传统珩齿的齿面粗糙度对比曲线分别见图 7-26、图 7-27。试验结果表明:与传统珩齿相比,纵弯谐振超声珩齿可以获得表面粗糙度更低的齿面。

图 7-24　珩齿前、传统珩齿与纵弯谐振超声珩齿后的齿轮外观对比图

图 7-25　齿轮齿面粗糙度测量装置

3. 齿面微观切削纹理

利用线切割机床对传统珩齿和纵弯谐振超声珩齿后的齿轮分别取样,并用 TESCAN VEGA3 型扫描电镜(图 7-28)观察齿面纹理,齿面珩削纹理和齿面微观照片见图 7-29。可见,二者的切削纹理明显不同。传统珩齿齿面只存在方向单一均匀的痕迹;而纵弯谐振超声珩齿齿面微切削纹理较为

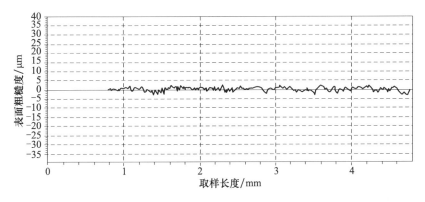

图 7-26　传统珩齿齿面粗糙度曲线（Ra＝0.816μm）

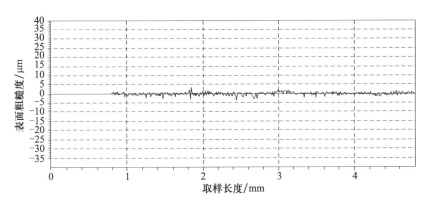

图 7-27　纵弯谐振超声珩齿齿面粗糙度曲线（Ra＝0.502μm）

图 7-28　齿面微观切削纹理电镜实验装置

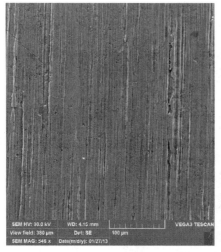

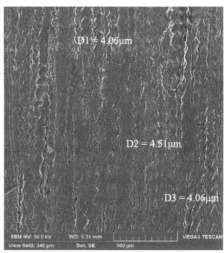

（a）传统珩齿　　　　　　　　　　（b）超声珩齿

图 7-29　试件齿面切削痕迹的扫描电镜图片对比

均匀,且有明显的类似正弦或余弦的振动曲线,还存在超声振动和回转运动叠加后的交错痕迹,扫描电镜实测曲线振幅为 $4.06 \sim 4.51 \mu m$,与理论设计振幅十分接近。试验表明:超声纵弯谐振不灵敏性振动切削效应已被引入珩齿工艺中。

4. 齿轮加工精度

按照圆柱齿轮精度制标准[5],利用 M&M3525 型齿轮检测仪检测珩前、传统珩齿后、超声珩齿后齿轮的渐开线齿形偏差、齿向偏差、周节累积偏差、齿圈径向跳动与平均齿厚。具体测量装置与测量方法如下:测量时所用球测头直径为 2mm;测量齿廓时,测量截面在中截面;测量齿距时,测量截面在分度圆。齿轮标识面在上,标记处正对齿起测,逆时针数齿序,检测装置如图 7-30 所示。传统珩齿后、超声珩齿后齿轮的径向跳动、周节累积偏差、齿向偏差、齿形偏差四方面对比,见图 7-31~图 7-34。可以看出,纵弯谐振超声珩齿比传统珩齿在径向跳动、周节累积偏差、齿向偏差、齿形偏差、平均齿厚等方面都有不同程度的减小。

标识号为 7、8 的齿轮珩齿前后齿形、齿向偏差变化量对比,见表 7-9,其中齿形、齿向偏差值为测试中所有检测齿左、右齿面偏差值的平均值。对比结果表明:超声珩齿后,齿轮四个方面的偏差都有不同程度的减小,尤其在齿轮横向弯曲振动方向,齿向偏差减小得更明显。

图 7-30　齿轮精度指标检测装置

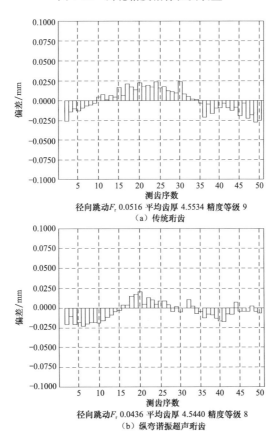

径向跳动 F_r 0.0516 平均齿厚 4.5534 精度等级 9
（a）传统珩齿

径向跳动 F_r 0.0436 平均齿厚 4.5440 精度等级 8
（b）纵弯谐振超声珩齿

图 7-31　传统珩齿与超声珩齿径向跳动对比图（单位：mm）

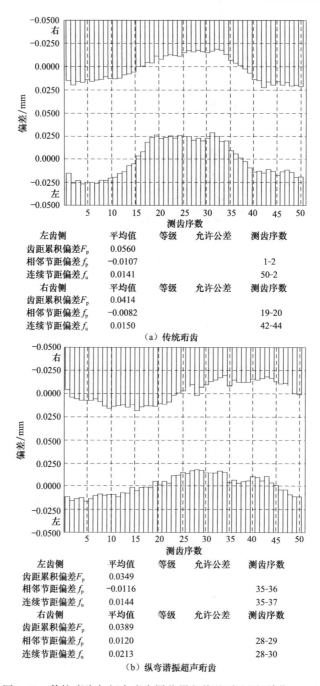

左齿侧	平均值	等级	允许公差	测齿序数
齿距累积偏差F_p	0.0560			
相邻节距偏差f_p	−0.0107			1-2
连续节距偏差f_u	0.0141			50-2
右齿侧	平均值	等级	允许公差	测齿序数
齿距累积偏差F_p	0.0414			
相邻节距偏差f_p	−0.0082			19-20
连续节距偏差f_u	0.0150			42-44

（a）传统珩齿

左齿侧	平均值	等级	允许公差	测齿序数
齿距累积偏差F_p	0.0349			
相邻节距偏差f_p	−0.0116			35-36
连续节距偏差f_u	0.0144			35-37
右齿侧	平均值	等级	允许公差	测齿序数
齿距累积偏差F_p	0.0389			
相邻节距偏差f_p	0.0120			28-29
连续节距偏差f_u	0.0213			28-30

（b）纵弯谐振超声珩齿

图7-32 传统珩齿与超声珩齿周节累积偏差对比图（单位：mm）

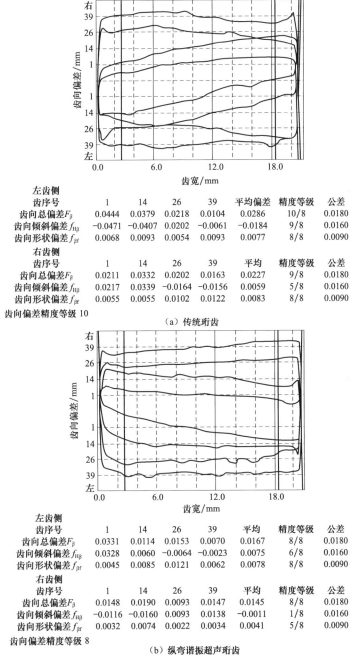

左齿侧

齿序号	1	14	26	39	平均偏差	精度等级	公差
齿向总偏差F_β	0.0444	0.0379	0.0218	0.0104	0.0286	10/8	0.0180
齿向倾斜偏差$f_{H\beta}$	−0.0471	−0.0407	0.0202	−0.0061	−0.0184	9/8	0.0160
齿向形状偏差$f_{\beta f}$	0.0068	0.0093	0.0054	0.0093	0.0077	8/8	0.0090

右齿侧

齿序号	1	14	26	39	平均	精度等级	公差
齿向总偏差F_β	0.0211	0.0332	0.0202	0.0163	0.0227	9/8	0.0180
齿向倾斜偏差$f_{H\beta}$	0.0217	0.0339	−0.0164	−0.0156	0.0059	5/8	0.0160
齿向形状偏差$f_{\beta f}$	0.0055	0.0055	0.0102	0.0122	0.0083	8/8	0.0090

齿向偏差精度等级 10

（a）传统珩齿

左齿侧

齿序号	1	14	26	39	平均	精度等级	公差
齿向总偏差F_β	0.0331	0.0114	0.0153	0.0070	0.0167	8/8	0.0180
齿向倾斜偏差$f_{H\beta}$	0.0328	0.0060	−0.0064	−0.0023	0.0075	6/8	0.0160
齿向形状偏差$f_{\beta f}$	0.0045	0.0085	0.0121	0.0062	0.0078	8/8	0.0090

右齿侧

齿序号	1	14	26	39	平均	精度等级	公差
齿向总偏差F_β	0.0148	0.0190	0.0093	0.0147	0.0145	8/8	0.0180
齿向倾斜偏差$f_{H\beta}$	−0.0116	−0.0160	0.0093	0.0138	−0.0011	1/8	0.0160
齿向形状偏差$f_{\beta f}$	0.0032	0.0074	0.0022	0.0034	0.0041	5/8	0.0090

齿向偏差精度等级 8

（b）纵弯谐振超声珩齿

图 7-33　传统珩齿与超声珩齿齿向偏差对比图（单位：mm）

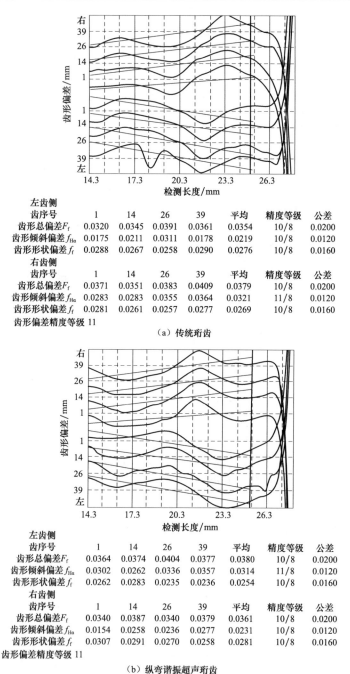

左齿侧							
齿序号	1	14	26	39	平均	精度等级	公差
齿形总偏差F_f	0.0320	0.0345	0.0391	0.0361	0.0354	10/8	0.0200
齿形倾斜偏差f_{Ha}	0.0175	0.0211	0.0311	0.0178	0.0219	10/8	0.0120
齿形形状偏差f_f	0.0288	0.0267	0.0258	0.0290	0.0276	10/8	0.0160
右齿侧							
齿序号	1	14	26	39	平均	精度等级	公差
齿形总偏差F_f	0.0371	0.0351	0.0383	0.0409	0.0379	10/8	0.0200
齿形倾斜偏差f_{Ha}	0.0283	0.0283	0.0355	0.0364	0.0321	11/8	0.0120
齿形形状偏差f_f	0.0281	0.0261	0.0257	0.0277	0.0269	10/8	0.0160

齿形偏差精度等级 11

（a）传统珩齿

左齿侧							
齿序号	1	14	26	39	平均	精度等级	公差
齿形总偏差F_f	0.0364	0.0374	0.0404	0.0377	0.0380	10/8	0.0200
齿形倾斜偏差f_{Ha}	0.0302	0.0262	0.0336	0.0357	0.0314	11/8	0.0120
齿形形状偏差f_f	0.0262	0.0283	0.0235	0.0236	0.0254	10/8	0.0160
右齿侧							
齿序号	1	14	26	39	平均	精度等级	公差
齿形总偏差F_f	0.0340	0.0387	0.0340	0.0379	0.0361	10/8	0.0200
齿形倾斜偏差f_{Ha}	0.0154	0.0258	0.0236	0.0277	0.0231	10/8	0.0120
齿形形状偏差f_f	0.0307	0.0291	0.0270	0.0258	0.0281	10/8	0.0160

齿形偏差精度等级 11

（b）纵弯谐振超声珩齿

图 7-34　传统珩齿与超声珩齿齿形偏差对比图（单位：mm）

表 7-9 标识号为 7、8 的齿轮珩齿前后齿形、齿向偏差对比表

（单位：μm）

精度等级标准		GB 10095—2008					
偏差名称	检验项目代号	齿轮标识号					
		7			8		
		珩齿前	传统珩齿	变化量	珩齿前	超声珩齿	变化量
齿形偏差	总偏差 F_f	42.5	36.7	−5.8	45.6	37.1	−8.5
	倾斜偏差 $f_{H\alpha}$	30.9	27.0	−3.9	30.75	27.2	−3.55
	形状偏差 f_f	32.1	32.4	0.3	32.65	26.7	−5.95
齿向偏差	总偏差 F_β	26.35	25.6	−0.75	22.45	15.6	−6.85
	倾斜偏差 $f_{H\beta}$	9.5	8	−1.5	10.65	5.95	−4.7
	形状偏差 $f_{\beta f}$	10.3	8.0	−2.3	11.15	6.0	−5.15

7.5 本 章 小 结

（1）由于理论模型对物理模型的简化、理论数值求解的近似性、材料性能参数的离散性，实际超声珩齿振动系统的阻抗特性、谐振特性参数与理论设计有一定的误差，所以超声珩齿振动系统应进行测量修正，加工过程中应对超声振动系统进行谐振状态检测。为此，本章建立了以阻抗分析仪为基础的阻抗特性测量系统，以激光测振仪为基础的谐振特性参数测量系统，可以精确测量齿轮盘面不同位置的振幅，为超声珩齿振动系统的精确设计和谐振特性检测奠定了实验基础。

（2）本章利用振动系统的非谐振设计方法设计了超声珩齿谐振系统，并对超声珩齿谐振系统进行了谐振特性实验和阻抗测试。实验结果表明：所设计的超声珩齿振动系统导纳圆为单圆，对数坐标曲线正常，具有较高的机械品质因数，振动效率高，满足设计要求。

（3）本章基于 Y4650 型珩齿机建立了超声珩齿与传统珩齿对比试验的工艺系统，研究了顶尖力大小、珩轮转速对谐振系统谐振频率的影响规律。研究表明：右顶尖力、珩轮转速对超声珩齿谐振装置谐振特性的影响程度很小，不影响超声珩齿谐振系统使用。

（4）本章完成了模数为 3mm、齿数为 26、厚度为 33mm 圆柱齿轮有无纵向谐振超声珩齿的对比试验以及模数为 3mm、齿数为 50、厚度为 20mm 圆柱齿轮有无纵弯谐振超声珩齿的对比试验；并从珩齿效率、切削痕迹、齿面粗糙度、齿轮加工误差四个方面进行了工艺效果对比分析。试验结果表明：超声珩

齿与传统珩齿相比,优势在于:珩齿效率明显提高;切削纹理复杂,带有明显且较为均匀一致的正余弦切削纹理;齿面粗糙度低;齿轮径向跳动、周节累积、齿形、齿向偏差都有不同程度的减小。在齿轮超声谐振方向,齿向偏差减小尤其明显。

参 考 文 献

[1]　左鹤声. 机械阻抗方法与应用. 北京:机械工业出版社,1987.

[2]　冯其波,谢芳. 光学测量技术与应用. 北京:清华大学出版社,2008.

[3]　中华人民共和国国家质量监督检验检疫总局,中国国家标准化管理委员会. JJF 1219—2009. 激光测振仪校准规范. 北京:中国标准出版社,2009.

[4]　晏砺堂,朱梓根,李其汉,等. 高速旋转机械振动. 北京:国防工业出版社,1994.

[5]　中华人民共和国国家质量监督检验检疫总局,中国国家标准化管理委员会. GB/T 10095—2008. 圆柱齿轮 精度制. 北京:中国标准出版社,2008.

第8章　总结与展望

8.1　主要研究工作总结

　　本书在国家自然基金项目和山西省研究生优秀重点创新项目的资助下,提出了超声加工振动系统的非谐振设计理论;建立了由中小模数(1～10mm)、分度圆直径在 300mm 左右,不同结构、尺寸的圆柱齿轮与变幅杆这两个非谐振单元所组成的齿轮超声加工振动系统的设计理论体系;构建了阻抗测试与谐振特性实验系统,研制了高速、高性能的齿轮超声珩齿谐振装置,实现了短粗类圆柱齿轮的超声纵向珩齿、中厚环盘类圆柱齿轮的节圆型横向弯曲珩齿。这不仅有利于丰富和完善超声加工振动系统的设计理论体系,而且为其他齿轮超声加工工艺的应用奠定了理论和试验基础。主要研究工作总结如下。

　　1. 提出了超声加工振动系统的非谐振设计理论

　　非谐振设计理论涵盖了全谐振设计理论,是超声振动系统设计理论的拓展和深化。非谐振设计理论使超声振动系统设计从谐振单元的划分变为任意单元的划分,提高了振动系统设计的柔性。

　　2. 基于 Mindlin 理论,建立了圆柱齿轮横向弯曲振动的统一求解模型

　　齿轮的厚径比通常在中厚板范围内,利用 Mindlin 理论,通过轮毂、辐板、轮缘三个中厚环盘单元的振动连续条件和边界条件,结合其厚度尺寸关系建立了等厚圆柱齿轮和带有轮毂、辐板、轮缘结构的圆柱齿轮横向弯曲振动的统一模型。该模型的理论求解、有限元模态及实验模态结果一致性很好,验证了理论模型的正确性,为齿轮横向弯曲振动系统的设计奠定了理论基础。

　　3. 提出了齿轮纵向振动系统的非谐振设计方法

　　中小模数齿轮超声加工中,分度圆直径小于 100mm、厚径比大于 0.3 的圆柱齿轮适宜利用纵向振动方式设计振动系统。将齿轮简化为与其分度圆直

径等径的圆柱,基于纵向振动动力学方程,利用非谐振单元齿轮和变幅杆之间的力、位移振动连续条件和各自的边界条件,建立了非谐振单元纵向振动系统的振动模型,推导了不同类型纵向振动系统的频率方程。振动系统的谐振频率和振幅,经理论数值求解、有限元模态和谐响应分析、谐振实验测试对比,其结果一致性好,可以满足工程应用需要。齿轮模数、齿数对振动系统谐振特性的影响理论建模极其复杂,在齿轮分度圆直径一定的情况下,通过改变齿轮的模数、齿数组合,利用 ANSYS APDL 语言有限元参数化分析功能来求解纵向振动系统的谐振频率。研究表明:齿轮分度圆直径一定时,模数、齿数的组合对纵向振动系统的谐振频率的影响很少;所提出的齿轮振动简化模型方法正确合理。

4. 提出了齿轮横向弯曲振动系统的非谐振设计方法

中小模数齿轮超声加工中,加工分度圆直径大于100mm、厚径比小于0.3的圆柱齿轮适宜利用纵弯耦合振动方式设计振动系统。基于等厚圆柱齿轮、阶梯变厚度齿轮的统一振动模型,通过非谐振单元齿轮与变幅杆之间的振动耦合连续条件和各自的边界条件、各环盘单元间的振动耦合条件,建立了齿轮横向弯曲振动系统的统一模型,推导了单一圆锥形、悬链线形、指数形、圆锥复合形纵弯谐振变幅器的频率方程,设计了不同厚径比的变幅器。谐振频率和振幅的理论数值求解、有限元模态与谐响应分析、实验测试表明了振动分析模型的正确性。理论模型将齿轮简化为与其等径的中厚环盘,无法考虑分度圆直径一定情况下,不同齿数、模数组合对齿轮横向弯曲振动的影响规律,因此利用 ANSYS APDL 语言研究了不同模数、齿数组合等因素对齿轮横向弯曲振动频率的影响规律。研究表明:理论模型对于中小模数(小于10mm)的圆柱齿轮具有足够精确的工程应用适应性。

5. 应用三维振动里兹法研究了变幅杆、径向变厚度环盘的振动求解

采用三维振动里兹法求解谐振单元振动频率方程特征值的方法,统一了圆锥、圆截面指数形和悬链线形变幅杆的扭转、纵向、弯曲振动的固有频率和振型求解方法;对其一维欧拉-伯努利法、三维振动里兹法、有限单元法、实验模态法进行对比分析,结果表明:三维振动里兹法求解结果比一维振动求解理论准确,可以作为其他数值求解方法的验证标准,从而方便了大截面变幅杆的设计。统一了等厚环盘、径向变厚度环盘的轴对称横向弯曲、径向振动的固有频率和振型求解方法;对圆环盘的 Mindlin 理论、三维振动里兹法、有限单元

法、实验模态法的求解结果对比分析,结果表明:三维振动里兹法求解结果准确,可以作为其他数值求解方法的验证标准;为齿轮动态分析建模或其他非均匀截面圆盘和环盘的振动特性分析提供了一种新的求解分析方法,对齿轮超声振动系统设计具有理论指导和工程应用意义。

　　6. 建立了阻抗特性和谐振特性参数的测量系统

　　由于理论模型对物理模型的简化、理论数值求解的近似性、材料性能参数的离散性,实际超声珩齿振动系统的阻抗特性、谐振特性参数与理论设计有一定的误差,所以超声珩齿振动系统应进行测量修正,加工过程中应对超声振动系统进行谐振状态检测。为此,建立了以阻抗分析仪为基础的阻抗特性测量系统,以激光测振仪为基础的谐振特性参数测量系统,可以精确测量齿轮盘面不同位置的振幅,为齿轮超声加工振动系统的精确设计和谐振特性检测奠定了实验基础。

　　7. 完成了超声珩齿与传统珩齿的工艺效果对比试验

　　为了研究超声振动引入传统珩齿的工艺效果,应用齿轮超声加工振动系统的非谐振设计方法研制了高速超声珩齿装置,在 Y4650 型珩齿机上搭建了超声珩齿试验系统。超声珩齿与传统珩齿的工艺效果表明:超声珩齿比传统珩齿可以获得更低的齿面粗糙度,更高的珩削效率;超声珩齿与传统珩齿相比,齿轮加工纹理复杂,齿轮的径向跳动、周节累积、齿形、齿向偏差有不同程度的减小,尤其在齿轮超声振动方向,齿向偏差减小得更明显。超声珩齿试验研究为超声珩齿工艺的应用提供了试验依据。

8.2　主要创新点

　　(1) 提出并确立了超声加工振动系统的非谐振设计理论,拓展和完善了超声加工振动系统的设计理论体系。非谐振设计方法适合于超声滚齿、剃齿、珩齿、研齿等齿轮超声加工振动系统的设计,为超声加工在齿轮精密制造中的发展与应用奠定了理论基础。

　　(2) 构造了中厚环盘单元间的耦合振动连续条件和边界条件,建立了圆柱齿轮横向弯曲振动统一求解模型。利用 Mindlin 理论,通过齿轮轮毂、辐板、轮缘三个环盘单元的耦合振动连续条件和边界条件,结合三个环盘单元的厚度尺寸关系,建立了等厚圆柱齿轮和带有轮毂、辐板、轮缘结构圆柱齿轮横向弯曲振动的统一求解模型,为齿轮超声加工振动系统的非谐振设计奠定了理论基础。

(3) 构造了非谐振单元间的耦合振动连续条件和边界条件,实现了齿轮超声加工振动系统的非谐振设计。联合建立齿轮和变幅杆这两个非谐振单元的耦合振动求解模型,通过振动耦合的位移、力、弯矩等连续条件和边界条件建立了振动系统的频率方程,通过调整变幅杆的形状、尺寸参数实现了齿轮超声加工振动系统的谐振。

(4) 通过超声珩齿与传统珩齿的对比试验,发现了在齿轮超声振动方向,齿向偏差减小明显的新特性。为利用超声振动增大珩齿的修形能力,提高齿轮加工精度,提供了试验依据。

8.3　研究展望

本书将圆柱齿轮简化为中厚环盘,采用 Mindlin 理论,通过耦合振动条件、边界条件建立了圆柱齿轮横向弯曲振动分析的统一模型,进而按照非谐振单元确定了边界条件,分别建立了短粗圆柱类齿轮的纵向振动系统、中厚环盘类齿轮的横向弯曲振动系统的频率方程。谐振特性的理论数值求解、有限元模态与谐响应分析、实验测试的结果一致。超声珩齿取得了较传统珩齿更好的工艺效果。在此基础上,可以进行下述研究,以形成完善的齿轮超声加工振动系统设计理论体系和硬齿面齿轮的超声珩齿精加工工艺。

(1) 进一步研究振动系统的非谐振设计方法对齿轮与变幅杆不同常用材料组合、齿轮与变幅杆多种连接结构的工程实用性;使用退化核函数和间接边界积分法建立带有减重孔、大模数、分度圆直径在 300～500mm 的齿轮横向弯曲振动模型及其振动系统模型,为扩大齿轮超声加工范围提供相应的理论依据。

(2) 针对齿轮超声加工对齿轮刀具提出的要求,开展新型齿轮刀具研究。例如,钎焊 CBN 珩轮,以其高磨粒出露高度、大的容屑空间以及磨粒、珩轮基体材料与钎焊剂三者之间强的化学冶金结合强度,在珩齿加工中完全可以胜任大功率的超声频冲击加工,珩粒在磨损形式上,较少出现脱落、破碎。如何发挥齿轮超声加工以及钎焊 CBN 珩轮的优异性能,促进硬齿面齿轮的高效精密加工值得研究。

(3) 系统开展超声珩齿在齿轮刀具使用寿命、珩削力、珩削热方面的工艺试验,确定最佳的工艺参数。重点研究齿轮超声振动对其加工精度提高的工艺效果、切削纹理对降低齿轮传动噪声的工艺效果。基于齿轮空间螺旋副啮合原理,从声波传输、赫兹接触理论、有限单元法三维啮合仿真角度,研究外啮合超声珩齿加工机理与工艺效果,并与强力珩、球面珩加工工艺效果进行对比分析。

（4）目前,国内齿轮超声加工设备大多在原有齿轮加工机床上进行改进,附加超声振动装置来实现,相对国外的旋转超声加工装备,发展滞后。因此,应以齿轮生产企业应用为主导,加强产学研合作,深化齿轮超声加工应用。

附录 A　近十年来有关超声加工、成形及其机理的国家自然科学基金项目一览表

表 A-1　2013 年立项的相关国家自然科学基金项目

项目批准号	申请代码1	项目名称	项目负责人	依托单位	批准金额/万元	项目起止年-月
51365039	E050804	三维智能金属结构（钛合金）超声波固结成型研究	朱政强	南昌大学	55	2014-01～2017-12
51375428	E050902	基于超声电加工的多效应协同作用机理及参数在线寻优关键问题研究	朱永伟	扬州大学	80	2014-01～2017-12
51375119	E050901	光学玻璃复杂型面的高效低损伤超声振动辅助精密铣磨加工技术基础	周明	哈尔滨工业大学	80	2014-01～2017-12
51301088	E011002	电磁-高能超声复合场辅助沉积纳米化学复合镀层机理	周衡志	南京工程学院	25	2014-01～2016-12
51305206	E050901	完全烧结氧化锆陶瓷义齿的超声振动辅助铣削机理研究	郑侃	南京理工大学	26	2014-01～2016-12
51375071	E050801	电磁/超声复合场作用下非晶合金板材连铸技术基础研究	张兴国	大连理工大学	80	2014-01～2017-12
51375369	E050802	碳纤维复合板材超声振动热冲压变形行为的研究	张琦	西安交通大学	80	2014-01～2017-12
51375144	E050201	弧齿锥齿轮超声双频激励研齿的齿面高阶修形机理与研齿路径规划研究	杨建军	河南科技大学	80	2014-01～2017-12
51372207	E021101	二硼化镁超导线材的超声拉拔及其机理研究	张平祥	西北有色金属研究院	80	2014-01～2017-12

续表

项目 批准号	申请 代码 1	项目名称	项目 负责人	依托单位	批准金额 /万元	项目起止 年-月
51375316	E050804	超声辅助钛合金激光沉积修复的复合机理及组织演变研究	王维	沈阳航空航天大学	80	2014-01～2017-12
51305318	E050802	超声波振动辅助高密度倒装芯片塑封下填充工艺与机理研究	王辉	武汉理工大学	25	2014-01～2016-12
51375113	E050802	超声振动辅助金属箔板微冲裁成形机理与断面质量控制	王春举	哈尔滨工业大学	85	2014-01～2017-12
51301006	E010102	颗粒增强镁基复合材料的超声原位合成机制及组织性能研究	王朝辉	北京工业大学	25	2014-01～2016-12
51375218	E050803	基于热管/超声协同调控的搅拌摩擦焊接头特征及其演变机制	芦笙	江苏科技大学	79	2014-01～2017-12
51305100	E050802	超声波振动条件下磁控溅射纳米材料超塑变形机理研究	蒋少松	哈尔滨工业大学	25	2014-01～2016-12
51375112	E050802	纳米颗粒增强铝基复合材料半固态坯超声辅助半固态搅拌制备及触变成型机制	姜巨福	哈尔滨工业大学	84	2014-01～2017-12
51375278	E051004	基于超声盐浴的再制造毛坯复合清洗机理与应用	贾秀杰	山东大学	80	2014-01～2017-12
51375269	E050802	铝/镁合金超声振动塑性成型中的材料行为与超声作用机制研究	管延锦	山东大学	80	2014-01～2017-12
51375150	E050803	点焊电极表面超声波辅助电火花原位沉积鳞片状 ZrB_2-TiB_2 复相涂层及涂层改性的研究	董仕节	湖北工业大学	85	2014-01～2017-12
51305291	E050803	超声辅助钎焊铝合金蜂窝复合材料制备及界面演变机理	丁敏	太原理工大学	25	2014-01～2016-12
51375234	E050901	磨粒切厚可控的 CFRP 超声振动铣磨基础研究	陈燕	南京航空航天大学	80	2014-01～2017-12
51375107	E050301	基于压电谐振换能的自致动空间伺服机构的研究	陈维山	哈尔滨工业大学	80	2014-01～2017-12

续表

项目批准号	申请代码1	项目名称	项目负责人	依托单位	批准金额/万元	项目起止年-月
51305385	E050802	板材超声振动颗粒介质成形工艺及理论研究	曹秒艳	燕山大学	25	2014-01~2016-12
51305369	E050902	钛合金固结磨粒旋转超声加中工具磨损的定量研究	秦娜	西南交通大学	25	2014-01~2016-12

表 A-2 2012 年立项的相关国家自然科学基金项目

项目批准号	申请代码1	项目名称	项目负责人	依托单位	批准金额/万元	项目起止年-月
51275490	E050901	基于超声空化与应变梯度塑性理论的功率超声珩磨磨削区微射流切削的基础研究	祝锡晶	中北大学	80	2013-01~2016-12
51275042	E050401	弹性固体残余应力场的原位声能控制机理	徐春广	北京理工大学	80	2013-01~2016-12
51275269	E050801	压铸镁合金压室预结晶组织实验研究、超声处理及模拟仿真	熊守美	清华大学	80	2013-01~2016-12
51275343	E050803	超声喷丸控制铝合金大型薄壁结构焊接应力与变形机理及关键技术研究	王东坡	天津大学	80	2013-01~2016-12
51275454	E0504	基于磁致伸缩超声导波的高温金属管道缺陷实时定量化检测理论与实践研究	吕福在	浙江大学	84	2013-01~2016-12
51275181	E050901	基于径向超声波振动抑制崩边的结构陶瓷精密切割技术研究	沈剑云	华侨大学	80	2013-01~2016-12
51265048	E0509	和田玉超声波深孔加工机理及其裂纹预防策略研究	廖结安	塔里木大学	50	2013-01~2016-12
51205024	E050901	光学晶体材料的超声振动空间螺旋线磨削方法及其机理研究	梁志强	北京理工大学	25	2013-01~2015-12
51275008	E050803	基于高能束毛化和超声空化耦合作用的玻璃与金属连接界面反应机制研究	栗卓新	北京工业大学	85	2013-01~2016-12
51205236	E050901	骨骼超声振动钻削机理研究	孔凡霞	山东理工大学	25	2013-01~2015-12

表 A-3 2011 年立项的相关国家自然科学基金项目

项目批准号	申请代码 1	项目名称	项目负责人	依托单位	批准金额/万元	项目起止年-月
51165008	E050904	超声振动-激光复合熔覆 TiC/FeAl 复合涂层原位自生机理研究	张坚	华东交通大学	52	2012-01~2015-12
51105133	E050803	高温疲劳-蠕变交互作用下超声冲击强化航空发动机钛合金叶片疲劳行为与寿命预测研究	尹丹青	河南科技大学	25	2012-01~2014-12
51101043	E010202	超声波复合搅拌铸造制备高强韧纳米镁基复合材料的强韧化和变形机理研究	王晓军	哈尔滨工业大学	25	2012-01~2014-12
51175370	E0503	旋转超声动力拓扑选型研究	王世宇	天津大学	62	2012-01~2015-12
51105109	E050803	超声电弧复合焊接的声学频率影响及能量传输效率研究	孙清洁	哈尔滨工业大学	25	2012-01~2014-12
11174191	A040503	湍流共振声空化发生器及其特性研究	沈壮志	陕西师范大学	75	2012-01~2015-12
51175225	E050902	纵扭共振旋转超声加工关键理论及应用	皮钧	集美大学	60	2012-01~2015-12
11174206	A040503	薄型直线超声微电机构造理论和技术研究	鹿存跃	上海交通大学	66	2012-01~2015-12
51105097	E050303	复合弯振压电超声驱动器换能机制的研究	刘英想	哈尔滨工业大学	25	2012-01~2014-12
51175420	E050901	大直径超薄 SiC 单晶片高速-超声切割机理及参数控制	李淑娟	西安理工大学	60	2012-01~2015-12
51175228	E050903	超声波雾化施液技术超精密抛光硬脆晶体研究	李庆忠	江南大学	60	2012-01~2015-12
51105270	E050902	牙科陶瓷材料旋转超声加工关键技术研究	景秀并	天津大学	26	2012-01~2014-12
51105110	E050902	三维超声波协同调制低电压放电的微细电火花线切割加工机理及方法研究	黄瑞宁	哈尔滨工业大学	25	2012-01~2014-12
51105055	E050901	SiC 材料轻量化结构的超声磨削工艺基础研究	董志刚	大连理工大学	25	2012-01~2014-12

续表

项目 批准号	申请 代码1	项目名称	项目 负责人	依托单位	批准金额 /万元	项目起止 年-月
51175393	E050904	超声波辅助的超短激光微加工技术及新型光纤传感器制备	戴玉堂	武汉理工大学	56	2012-01～ 2015-12
51175184	E050803	超声与电流共同作用下的金属界面连接行为研究	曹彪	华南理工大学	60	2012-01～ 2015-12

表 A-4　2010 年立项的相关国家自然科学基金项目

项目 批准号	申请 代码1	项目名称	项目 负责人	依托单位	批准金额 /万元	项目起止 年-月
51005071	E050902	纵扭共振超声深滚加工机理研究	郑建新	河南理工大学	20	2011-01～ 2013-12
51075053	E050902	微细超声波加工技术的基础研究	余祖元	大连理工大学	42	2011-01～ 2013-12
51065011	E050902	超声椭圆振动协同化学作用辅助固结磨粒高效超精密研磨大直径硅片技术	杨卫平	江西农业大学	26	2011-01～ 2013-12
51075355	E050902	低电压、静液、超声波调制放电-电解微精加工机理与试验	朱永伟	扬州大学	37	2011-01～ 2013-12
51075238	E050901	基于振动冲蚀机理的超声振动微细磨料水射流精密加工技术研究	朱洪涛	山东大学	38	2011-01～ 2013-12
51075158	E050803	双向超声波随焊控制铝合金焊接应力变形及热裂纹的机理研究	周广涛	华侨大学	41	2011-01～ 2013-12
51001047	E011002	SiC-316L 复合涂层超声辅助激光精确熔注机理研究	赵龙志	华东交通大学	20	2011-01～ 2013-12
51075093	E050903	超硬微结构表面的振动超精密磨-抛加工机理与技术基础	赵清亮	哈尔滨工业大学	45	2011-01～ 2013-12

续表

项目 批准号	申请 代码 1	项目名称	项目 负责人	依托单位	批准金额 /万元	项目起止 年-月
51075243	E051201	超声行波微流体驱动机理的 试验研究	魏守水	山东大学	39	2011-01～ 2013-12
11072224	A020309	考虑接触面摩擦影响的超声 弹性接触振动问题研究	田家勇	中国地震 局地壳应 力研究所	44	2011-01～ 2013-12
51075397	E050501	超声振动下纳米微粒的摩擦 行为及润滑机理研究	乔玉林	中国人民 解放军装 甲兵工程 学院	38	2011-01～ 2013-12
51005140	E050902	超声辅助热浸镀铝-微弧氧 化绿色再制造关键技术研究	牛宗伟	山东理工 大学	20	2011-01～ 2013-12
31070859	C1002	超声辅助微弧氧化镁合金表 面纳米生物涂层组织结构与 性能关系研究	李慕勤	佳木斯 大学	33	2011-01～ 2013-12
11074274	A040503	基于 PZT 薄膜的微压电超 声换能器研究	李俊红	中国科学 院声学研 究所	40	2011-01～ 2013-12
51075288	E050901	精密磨削纳米汽雾超声冷却 的动力学与热力学机理研究	李华	苏州科技 学院	35	2011-01～ 2013-12
51075127	E050903	高精度率球面光学模具的激 光超声复合超精密车削关键 技术	焦锋	河南理工 大学	40	2011-01～ 2013-12
51075229	E050801	超声波作用下铸造不锈钢熔 体中非金属夹杂物碎化与弥 散研究	康进武	清华大学	36	2011-01～ 2013-12
51075195	E050301	基于旋转行波超声振动的硅 片化学机械复合抛光机理研 究	何勍	辽宁工业 大学	36	2011-01～ 2013-12
51005153	E050803	基于激光超声的搅拌摩擦焊 接头缺陷表征及机理研究	陈华斌	上海交通 大学	20	2011-01～ 2013-12
51075080	E050202	基于超声减磨原理的新型低 摩擦气缸及其特性研究	包钢	哈尔滨工 业大学	36	2011-01～ 2013-12

表 A-5　2009 年立项的相关国家自然科学基金项目

项目批准号	申请代码 1	项目名称	项目负责人	依托单位	批准金额/万元	项目起止年-月
50975265	E050901	基于非线性动力系统理论的功率超声珩磨临界型颤振基础研究	祝锡晶	中北大学	38	2010-01～2012-12
50975080	E050903	基于非局部理论的超声加工工程陶瓷延性高效的本质特征研究	赵波	河南理工大学	40	2010-01～2012-12
50975063	E050803	超声-TiC 电弧复合焊的电弧物理机制及金属熔化行为研究	杨春利	哈尔滨工业大学	35	2010-01～2012-12
50975191	E050902	非谐振单元变幅器设计理论及其齿轮超声剃珩应用	吕明	太原理工大学	36	2010-01～2012-12
50975037	E051203	聚合物微纳结构超声波压印产热机理与成形关键问题研究	罗怡	大连理工大学	31	2010-01～2012-12
10974127	A040503	新型大功率压电陶瓷超声振动系统的研究	林书玉	陕西师范大学	45	2010-01～2012-12
50905101	E051203	超声波辅助作用下微细电解加工机理及技术研究	李志永	山东理工大学	19	2010-01～2012-12
50905003	E050803	超声辅助激光钎焊 TiNi 形状记忆合金界面反应机理研究	李红	北京工业大学	20	2010-01～2012-12
50904020	E041607	超轻质泡沫铝刮擦振动钎焊界面润湿及结合机理的研究	黄永宪	哈尔滨工业大学	20	2010-01～2012-12
50975153	E050902	光学晶体材料旋转超声精密加工基础理论与关键技术研究	冯平法	清华大学	45	2010-01～2012-12
50905125	E050903	高深宽比微结构超声波辅助精密微注塑机理及方法研究	仇中军	天津大学	20	2010-01～2012-12
50975135	E050303	超声波/声波能量耦合动力学行为及应用研究	陈超	南京航空航天大学	38	2010-01～2012-12

表 A-6 2008 年立项的相关国家自然科学基金项目

项目批准号	申请代码1	项目名称	项目负责人	依托单位	批准金额/万元	项目起止年-月
50845037	E050902	齿轮超声加工非谐振单元变幅器的设计理论及实验研究	吕明	太原理工大学	9	2009-01~2009-12
50875157	E050902	超声振动辅助微细铣削加工技术及机理研究	张建华	山东大学	33	2009-01~2011-12
10874123	A040503	棒形超声换能器的研究	周光平	深圳职业技术学院	36	2009-01~2011-12
50875177	E0503	超磁致伸缩功率超声换能器关键技术研究	曾海泉	沈阳工业大学	36	2009-01~2011-12
50865007	E050803	金属基智能复合材料超声波焊接制造机理与方法研究	朱政强	南昌大学	27	2009-01~2011-12
50875031	E050801	高强高导镁碲铜功能材料电磁/超声复合成形技术研究	张兴国	大连理工大学	38	2009-01~2011-12
10804075	A040507	新型宽频带超声换能器的机理与材料结构优化研究	吴正斌	中国科学院深圳先进技术研究院	24	2009-01~2011-12
50875184	E050902	机械零部件表面超声纳米加工理论与微观机理研究	王东坡	天津大学	35	2009-01~2011-12
50875121	E050503	超声冲击强化焊接接头抗应力腐蚀开裂机理研究	凌祥	南京工业大学	33	2009-01~2011-12
60808021	F050804	非球面模芯的数控超声波辅助抛光基础研究	黄启泰	苏州大学	20	2009-01~2011-12

表 A-7 2007 年立项的相关国家自然科学基金项目

项目批准号	申请代码1	项目名称	项目负责人	依托单位	批准金额/万元	项目起止年-月
10774074	A040503	新型超声传感器和传动器及其机理研究	张淑仪	南京大学	40	2008-01~2010-12
50775067	E050902	双频超声交变作用下稀土纳米复合电铸的机理和工艺研究	薛玉君	河南科技大学	30	2008-01~2010-12
20777020	B0703	重金属废弃物的超声辅助浸取分离方法及机理的研究	谢逢春	华南理工大学	26	2008-01~2010-12
50775024	E051201	聚合物微器件超声波非熔融联结机理与方法研究	王晓东	大连理工大学	33	2008-01~2010-12

项目批准号	申请代码1	项目名称	项目负责人	依托单位	批准金额/万元	项目起止年-月
10704037	A040501	超声驱动下管中微气泡的动力学行为	屠娟	南京大学	25	2008-01~2010-12
50705021	E050803	纳米薄膜金属化层增强铜芯片超声键合性能的原理	田艳红	哈尔滨工业大学	18	2008-01~2010-12
50775203	E050802	超声振动辅助介观尺度半固态金属微触变成形的理论和方法研究	梅德庆	浙江大学	38	2008-01~2010-12

表 A-8　2006 年立项的相关国家自然科学基金项目

项目批准号	申请代码1	项目名称	项目负责人	依托单位	批准金额/万元	项目起止年-月
10672116	A020204	压电超声微振动系统的非线性动力学理论与实验研究	曹树谦	天津大学	34	2007-01~2009-12
50605005	E050903	超磁致伸缩薄膜谐振微执行器及其智能控制方法研究	王福吉	大连理工大学	25	2007-01~2009-12
50605064	E051201	超声波在键合换能系统接触界面的传播机理与低能耗接触界面设计	隆志力	中南大学	23	2007-01~2009-12
50675228	E050803	超声搅拌复合焊接机理及其关键技术研究	贺地求	中南大学	34	2007-01~2009-12
50675227	E0512	芯片超声倒装多界面能量传递与强度结构演变规律研究	李军辉	中南大学	32	2007-01~2009-12
50675192	E050902	电解复合同步超声频振动实现微精加工关键问题研究	朱永伟	扬州大学	28	2007-01~2009-12
50675025	E051201	微制造中有机高聚合物超声时效理论与方法研究	杜立群	大连理工大学	27	2007-01~2009-12
50675031	E051201	MEMS 中基于多模谐振的超声波悬浮颗粒分离方法研究	丁杰雄	电子科技大学	28	2007-01~2009-12
50675094	E050301	毫米尺度块体的超声振动输送机理及驱动控制	何勍	辽宁工业大学	30	2007-01~2009-12
10602053	A020313	多物理场作用下超声弹性接触振动问题研究	田家勇	中国地震局地壳应力研究所	30	2007-01~2009-12

表 A-9 2005 年立项的相关国家自然科学基金项目

项目批准号	申请代码1	项目名称	项目负责人	依托单位	批准金额/万元	项目起止年-月
50575088	E050102	用于振动给料的超声波驱动理论与方法研究	杨志刚	吉林大学	25	2006-01～2008-12
50575127	E050902	智能控制超声振动辅助磨削-脉冲放电复合加工技术研究	张建华	山东大学	29	2006-01～2008-12
50575128	E050902	超声振动辅助气中放电技术研究	张勤河	山东大学	26	2006-01～2008-12
50575059	E050903	超声波磁流变复合抛光新技术基础研究	张飞虎	哈尔滨工业大学	27	2006-01～2008-12
50574028	E041603	高强超声激励下的镁合金熔体凝固行为研究	乐启炽	东北大学	24	2006-01～2008-12

表 A-10 2004 年立项的相关国家自然科学基金项目

项目批准号	申请代码1	项目名称	项目负责人	依托单位	批准金额/万元	项目起止年-月
50475060	E050201	螺旋锥齿轮超声振动研磨复合加工理论与实验研究	邓效忠	河南科技大学	24	2005-01～2007-12
50475158	E050903	硬齿面齿轮超声波平行轴珩磨机理的研究	吕明	太原理工大学	25	2005-01～2007-12
50475108	E050902	基于超声-电沉积机理的纳米金属陶瓷复合层制备技术及其性能研究	吴蒙华	大连大学	25	2005-01～2007-12
10474114	A040503	硅微超声换能器的研究	乔东海	中国科学院声学研究所	32	2005-01～2007-12
10472079	A020204	压电超声微振动系统的非线性动力学建模与机理	曹树谦	天津大学	7	2005-01～2005-12

附录 B Bessel 函数及其性质

1. Bessel 函数的定义与特性

$$x^2 y'' + xy' + (x^2 - n^2) y = 0 \qquad \text{(B-1)}$$

式(B-1)是 n 阶 Bessel 方程的标准形,此方程是变系数的二阶线性常微分方程,它的解称为 Bessel 函数。在描述圆形域或柱形域中发生的各种物理现象(如热、振动分析)时,Bessel 函数起着重要作用。式(B-1)中,n 为任意实数或复数。

$$J_n(x) = \sum_{m=0}^{\infty} \frac{(-1)^m}{2^{n+2m} m!(n+m)!} x^{n+2m} \qquad \text{(B-2)}$$

$J_n(x)$ 称为 n 阶第一类 Bessel 函数;

$$Y_n(x) = \lim_{a \to n} \frac{J_a(x)\cos(a\pi) - J_{-a}(x)}{\sin(a\pi)} \qquad \text{(B-3)}$$

$Y_n(x)$ 称为 n 阶第二类 Bessel 函数或诺伊曼函数。可以证明,$J_n(x)$ 与 $Y_n(x)$ 是线性无关的,因此方程(B-3)的通解可写成

$$y(x) = AJ_n(x) + BY_n(x) \qquad \text{(B-4)}$$

式中,A、B 为任意常数;n 为任意实数。

$$J_0(0) = 0, \quad J_n(0) = 0, \quad n \geqslant 1$$
$$\lim_{x \to 0} Y_n(x) = -\infty$$

利用 MATLAB 2011Ra 画出 x 变化区间 $[-100, 100]$ 内的第一类 Bessel 函数 $J_0(x)$、$J_1(x)$ 的图形如图 B-1 所示,第二类 Bessel 函数 $Y_0(x)$、$Y_1(x)$ 的图形如图 B-2 所示。

Bessel 函数具有以下特点:

(1) $J_n(x)$ 有无穷多个单重实零点,且这无穷多个零点在 x 轴上关于原点是对称分布的,$J_n(x)$ 有无穷多个正的零点;

(2) $J_n(x)$ 的零点与 $J_{n+1}(x)$ 的零点是彼此相间分布的,即 $J_n(x)$ 的任意

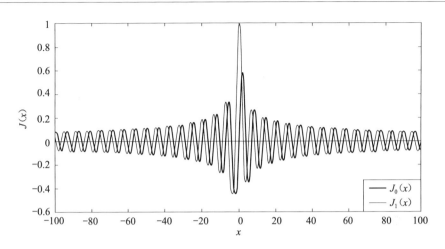

图 B-1　第一类 Bessel 函数 $J_0(x)$、$J_1(x)$图像

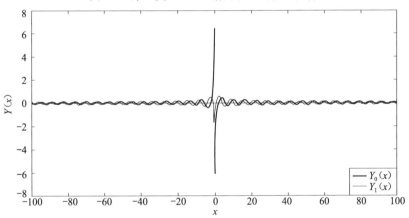

图 B-2　第二类 Bessel 函数 $Y_0(x)$、$Y_1(x)$图像

两个相邻零点之间必存在一个且仅存在一个 $J_{n+1}(x)$ 的零点；

（3）以 $o_m^{(n)}$ 表示 $J_n(x)$ 的正零点（$m=1,2,\cdots$），当 $m\to 0$ 时 $o_{m+1}^{(n)}-o_m^{(n)}$ 无限趋近于 π，即 $J_n(x)$ 是近似以 2π 为周期的函数。

2.Bessel 函数的递推公式

当 n 为整数时，有

$$J_{-n}(x) = (-1)^n J_n(x) = J_n(x)\cos(n\pi)$$

$$\frac{\mathrm{d}}{\mathrm{d}x}\left[x^n J_n(x)\right] = x^n J_{n-1}(x)$$

$$\frac{\mathrm{d}}{\mathrm{d}x}\big[x^{-n}J_n(x)\big]=-x^{-n}J_{n+1}(x)$$

将上式左端的导数求出,整理得

$$xJ'_n(x)+nJ_n(x)=xJ_{n-1}(x)$$
$$xJ'_n(x)-nJ_n(x)=-xJ_{n+1}(x)$$

(B-5)

式(B-5)中的两式左右分别相减、相加可求出第一类 Bessel 函数的递推公式:

$$J_{n-1}(x)+J_{n+1}(x)=\frac{2n}{x}J_n(x)$$
$$J_{n-1}(x)-J_{n+1}(x)=2J'_n(x)$$

(B-6)

第二类 Bessel 函数具有第一类 Bessel 函数同样关系的递推公式:

$$\frac{\mathrm{d}}{\mathrm{d}x}\big[x^n Y_n(x)\big]=x^n Y_{n-1}(x)$$

$$\frac{\mathrm{d}}{\mathrm{d}x}\big[x^{-n}Y_n(x)\big]=-x^{-n}Y_{n+1}(x)$$

$$Y_{n-1}(x)+Y_{n+1}(x)=\frac{2n}{x}Y_n(x)$$

$$Y_{n-1}(x)-Y_{n+1}(x)=2Y'_n(x)$$

Bessel 函数的递推公式在 Bessel 函数的分析计算中非常重要,可以利用低阶的 Bessel 函数来表示高阶的 Bessel 函数。实际计算中常根据零阶与一阶 Bessel 函数来表示或计算任意正整数阶的 Bessel 函数值。

3. Bessel 函数的导数

在 Mindlin 中厚环盘振动求解过程中必须用到 Bessel 函数及其一、二阶导数,可以利用其递推特性推导其导数表达式。

第一类 Bessel 函数的一、二阶导数表达式:

$$\begin{cases} J'_0(\delta r)=-\delta J_1(\delta r) \\ J''_0(\delta r)=-\delta J'_1(\delta r)=-\delta^2\Big[J_0(\delta r)-\frac{J_1(\delta r)}{\delta r}\Big]=-\delta^2 J_0(\delta r)+\frac{\delta J_1(\delta r)}{r} \end{cases}$$

第二类 Bessel 函数的一、二阶导数表达式:

$$\begin{cases} Y'_0(\delta r)=-\delta Y_1(\delta r) \\ Y''_0(\delta r)=-\delta Y'_1(\delta r)=-\delta^2\Big[Y_0(\delta r)-\frac{Y_1(\delta r)}{\delta r}\Big]=-\delta^2 Y_0(\delta r)+\frac{\delta Y_1(\delta r)}{r} \end{cases}$$

其中,δ 代表方程(3-24)中的 δ_1、δ_2 和 δ_H;r 为 Mindlin 中厚环盘的径向坐标值。

图 1-6　超声抛光纵弯振子[71]

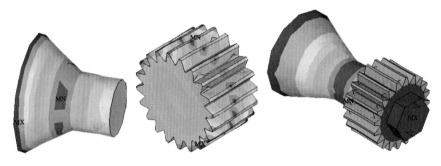

（a）38199Hz　　　　　（b）56199Hz　　　　　（c）18930Hz

图 2-3　纵向振动非谐振单元与振动系统的谐振频率

齿轮参数：m_n＝2.5mm、z＝20、h＝30mm，材料 45 钢

复合形变幅杆参数：R_1＝32mm、R_2＝16mm、l_1＝30mm、l_2＝25.7mm，材料 45 钢

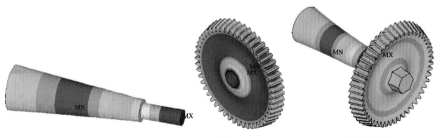

（a）14107Hz　　　　　（b）25264Hz　　　　　（c）20940Hz

图 2-4　纵弯振动非谐振单元与振动系统的谐振频率

齿轮参数：m_n＝3mm、z＝50、h＝30mm，孔径：d_1＝20mm，材料 45 钢

变幅杆参数：R_1＝28mm、R_2＝14mm、l_1＝160mm，材料 45 钢

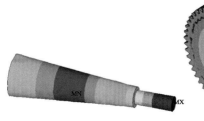

（a）14107Hz　　　　　　（b）21719Hz　　　　　　（b）23323Hz

图 2-5　纵径非谐振单元与振动系统的谐振频率

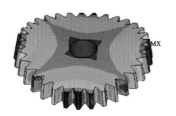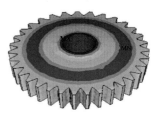

（a）节径型（$m=2, n=0$），4994Hz　　　（b）节圆型（$m=0, n=1$），8328Hz

（c）节圆型（$m=0, n=2$），33255Hz　　（d）节圆节径混合型（$m=3, n=6$），35736Hz

（e）径向振动型，22350Hz　　　　　　（f）齿轮节圆型振型

图 3-4　齿轮的典型振型

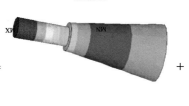

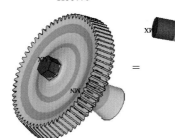

图 6-38 滑移输出力与变速器组合模态

(a) 分圆锥面向变曲振动模态 2077Hz + (b) 变速杆轴向振动模态 19832Hz = (c) 变速器整体弯曲振动模态 21129Hz

图 6-10 纵向滑移变速器滑移 频率与模态

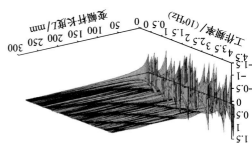

图 6-8 频率方程解的误差与频率 和变速杆长度的关系图

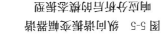

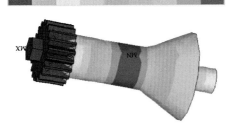

图 5-5 纵向滑移变速器滑移 响度分析的模态振型

图 4-10 不同材料的弹性变形速度光束

图 7-7 超声波齿轮振动系统的
疲劳测试系统

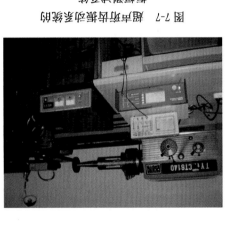

图 7-23 疲劳裂纹扩展测量
用非接触应变系统

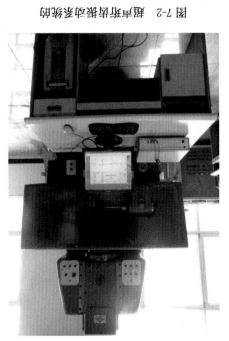

图 7-2 超声波齿轮振动系统的
图形测试装置

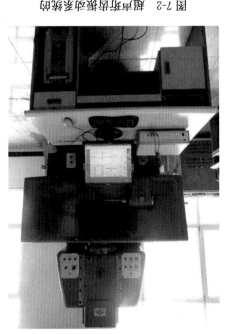

图 7-17 超声圆柱齿轮的安装方位
(齿轮机身非共振系统)